# 美丽科学
## ——科学图像审美研究

崔之进 著

东南大学出版社
SOUTHEAST UNIVERSITY PRESS
·南京·

**图书在版编目(CIP)数据**

美丽科学:科学图像审美研究/崔之进著. — 南京:东南大学出版社,2020.12
 ISBN 978-7-5641-9266-2

Ⅰ. ①美… Ⅱ. ①崔… Ⅲ. ①科学美学 Ⅳ.
①G301

中国版本图书馆 CIP 数据核字(2020)第 244419 号

### 美丽科学:科学图像审美研究
Meili Kexue:Kexue Tuxiang Shenmei Yanjiu

| | |
|---|---|
| 著　　者 | 崔之进 |
| 责任编辑 | 李成思 |
| 策 划 人 | 张仙荣 |
| 出 版 人 | 江建中 |
| 出版发行 | 东南大学出版社 |
| 地　　址 | 南京市四牌楼 2 号(邮编:210096) |
| 网　　址 | http://www.seupress.com |
| 经　　销 | 全国各地新华书店 |
| 印　　刷 | 江苏凤凰数码印务有限公司 |
| 开　　本 | 700 mm×1000 mm　1/16 |
| 印　　张 | 12.5 |
| 字　　数 | 224 千字 |
| 版　　次 | 2020 年 12 月第 1 版 |
| 印　　次 | 2020 年 12 月第 1 次印刷 |
| 书　　号 | ISBN 978-7-5641-9266-2 |
| 定　　价 | 56.00 元 |

本社图书若有印装质量问题,请直接与营销部联系。电话(传真):025-83791830。

# 序

罗德平

新加坡南洋理工大学杰出教授

新加坡科学院院士

马来西亚科学院院士

# 序

艺术与科学发展的源动力都是创新。历史上，一些艺术家兼具科学素养，而一些科学家也热爱艺术。意大利文艺复兴时期的著名画家列昂纳多·达·芬奇创作世界名画《蒙娜丽莎》，同时，他也是提出液体压力概念以及连通器原理的作者之一。俄国著名作曲家亚历山大·波菲里耶维奇·鲍罗丁自编歌剧《伊戈尔王》，同时，他也是著名的化学家，首次制备出芳香烃氟化物（苯甲酰氟），并确定氢化苯酰胺、N-苯甲酰苯胺以及苦杏精的结构，他曾发表关于醛的聚合以及缩合反应的科研论文。因此，艺术与科学是相通的，如何将科学探索精神与艺术想象相结合，让我们的生活更加美好，是当代社会发展过程中亟需思考的问题。

之进的先生振华是我的助手之一，他管理实验室并从事相关科学研究工作，而之进从事艺术的教学与科研工作，相信他们在平时的生活和工作中会有很多艺术与科学相互交融的有趣事例发生，也希望他们的跨学科交流，能迸发出思想的火花，为艺术与科学的融合发展做出可持续性贡献。

新加坡南洋理工大学杰出教授
新加坡科学院院士
马来西亚科学院院士

# 前言

## 崔之进

# 前 言

2013年,我被国际化学期刊 Angewandte Chemie 编辑部邀请设计加拿大皇家科学院院士 Prof. Dr. Chao-jun Li 的亮点论文"Silver-Catalyzed Hydrogenation of Aldehydes in Water"的主题封面。根据论文中的科学原理和预想的艺术效果,论文封面几经修改,最终于2013年第45期发表,论文的作者 Chao-jun Li 院士非常喜欢这帧封面。这次艺术与科学结合的有趣经历点燃了我探索美丽科学——科学图像审美的兴趣。

很多年前,我在纽约哥伦比亚大学读书,一方面,作为学生经济不宽裕,另一方面为了能更方便地看画,我与一位纽约老太太合租在中央公园附近,这样就可以每周自带干粮,去大都会博物馆看一天画作。我在博物馆里见识了很多场景,但至今仍难以忘怀的是:两位幼儿园老师带着一群牙牙学语的孩童,孩子们坐在地上,围着一幅世界名画,老师一边讲解一边讨论,其中一位孩子嘴里含着奶嘴,仰头观看画作……这使我想起,哈佛大学的校友曾经捐献给哈佛大学一幅法国印象派画家莫奈的作品《泰晤士河上的雾》,哈佛大学作为一所世界顶级综合类高校,也是美国的思想库,并没有专门的艺术或者美术学院,但它的艺术馆却收藏了超过15万件艺术作品,用以展览给师生观赏。另外,哈佛大学没有专门的乐器系,却有一个莫扎特协会交响乐队,里面的学生都是非音乐专业的,他们曾经与一位中提琴手及一位小提琴手共同演奏莫扎特的《降E大调交响协奏曲》(莫扎特一生只写了一部中提琴和小提琴的大协奏曲)。这两位提琴演奏者都不是音乐专业出身,而是来自哈佛大学生物、化工等专业,他们从小学习音乐,技法比专业音乐家还熟练;他们学习音乐是为了让艺术成为美好生活的一部分,以及我们一直追求的提升个人综合素养。中国地质学家李四光是地质学家,同时也会谱曲;钱学森5岁时就学习艺术等等。我在维也纳大学做博士后研究时,曾去过德国,我感受到维也纳和德国的艺术博物馆和画廊比街边的咖啡店还多,基本步行200~300米就会遇见一个博物馆,很多父母牵着孩童进入博物馆欣赏画作,也使得我们这些学艺术的学生每天如食饕餮盛宴。自从佛罗伦萨成为世界艺术中心之后,欧洲的艺术发展与人文关怀是深入骨髓,也是深入民间的。

世界艺术如何发展,一流大学如何建成?哈佛大学"Art First"艺术节或能为我们带来启迪:成功的艺术教育,让我们拥有更具有价值的人生。

随着"读图时代"的到来,批判图像学理论与科学图像语言的发展,科学图像与审美维度、艺术与科技这些看似毫无关联的领域,在图像语言的作用下产生紧密的联系。

在"图像转向"和"科学可视化"的背景下,研究视觉审美维度、审美叙事维度、风格化审美趋势、公共艺术的科学语境等多个审美维度,从而发现在新时代,如何讲好中国图像故事,以及建构出科学图像国际化的传播路径和传播策略。

感谢我的课题组成员们的辛苦付出!姚鹏同学对书稿的整体框架提出建议,完成书稿的校对工作,并协助完成科学图像的叙事研究;袁竞雄同学协助收集与整理科学图像;杨俊宁同学对科学图像作者概况进行调研,并协助完成调研报告;李晓伟协助完成抽象艺术理论思想研究;叶宇涵老师协助完成科学图像的视觉审美研究。

科学之美是客观的、理性的;艺术之美是主观的、感性的,与人类的"善与美"相关。科学家在科学创造过程中发挥想象力,而艺术家赋予作品以科学逻辑性。很多优秀的当代艺术作品是跨界的,它们获取艺术与科学融合的突破,开出美丽的双生花,为世人带去启示。

# 目 录

序 / 1
前言 / 1

**第一章 绪论** ... 1

**第二章 科学图像的视觉审美** ... 5

  2.1 博物科学图像可视化传播 / 7

    2.1.1 博物科学图像创作观念的转变 / 8

    2.1.2 博物科学图像可视化传播的原因 / 9

    2.1.3 博物科学图像可视化的传播主体 / 12

    2.1.4 博物科学图像可视化的发展 / 14

    2.1.5 博物科学图像可视化的发展特点 / 15

    2.1.6 博物科学图像的制作方式 / 18

    2.1.7 博物科学图像的艺术特征 / 18

    2.1.8 博物科学图像可视化的作用 / 22

    2.1.9 博物科学图像可视化的影响 / 24

    2.1.10 小结 / 25

2.2 卡哈尔脑神经解剖图像的艺术特征研究 / 26
   2.2.1 研究现状 / 26
   2.2.2 解剖图像的艺术特征 / 28
   2.2.3 解剖图像的科学与艺术特性 / 37
   2.2.4 卡哈尔艺术创作与科学认知的"二律背反" / 39

2.3 国际科技期刊封面图像错视理论研究 / 41
   2.3.1 图像中的错视图式 / 42
   2.3.2 科学图像造型特征 / 51
   2.3.3 意义及启发 / 52

2.4 抽象艺术理论思想研究 / 54
   2.4.1 抽象艺术理论缘起 / 54
   2.4.2 抽象艺术理论模型 / 61
   2.4.3 艺术理论价值 / 66
   2.4.4 小结 / 68

## 第三章 科学图像叙事　71

3.1 科学图像叙事关系 / 73
   3.1.1 科学图像的"陌生化"叙事 / 75
   3.1.2 科学图像的空间性叙事 / 79
   3.1.3 图像视域下艺术与科学图像的叙事关系 / 83
   3.1.4 小结 / 86

3.2 国际权威科学期刊封面突发公共卫生事件图像示例 / 87

3.3 "CNS"及子刊封面公共卫生事件图像示例 / 102

3.4 突发公共卫生事件图像转向研究 / 114
   3.4.1 生物图像转向趋势 / 114
   3.4.2 生物图像转向形态 / 114
   3.4.3 公共卫生事件图像转向路径 / 116
   3.4.4 公共卫生事件图像可视化传播 / 119

3.4.5 小结 / 123

## 第四章 公共艺术的科学语境　　125

4.1 医院公共艺术康复功能 / 127
  4.1.1 医院公共艺术分类 / 128
  4.1.2 医院公共艺术功能 / 129
  4.1.3 结语 / 130

4.2 基于生态语境的公共艺术发展趋势 / 131
  4.2.1 公共艺术与生态学本质意义的共同属性 / 132
  4.2.2 生态公共艺术的特征 / 133
  4.2.3 生态公共艺术发展形态——"禅"生态艺术 / 134
  4.2.4 未来发展趋势 / 135

## 第五章 新时代讲好中国故事　　137

5.1 讲好中国故事的时代背景 / 139
  5.1.1 我国"一带一路"倡议构想 / 139
  5.1.2 讲好中国故事的理论背景 / 142

5.2 讲好中国故事的传播契机 / 145

5.3 讲好中国故事的实现路径 / 145

5.4 "中国元素"图像示例 / 147

5.5 结语 / 153

## 第六章 总结　　155

6.1 科学美感的思考 / 157
  6.1.1 艺术美与科学美 / 157
  6.1.2 具有"中国味儿"的科学美感传播 / 158
  6.1.3 科学美感对视觉传播的影响 / 158

6.2 艺术与科学的共同特征 / 159
    6.2.1 共同的对象 / 159
    6.2.2 共同的词源 / 160
    6.2.3 共同的灵魂 / 160
6.3 回顾与展望 / 160

## 附录 科学图像的类型化研究　　163

表1　部分科学图像作者概况 / 165

表2　当代艺术与科学图像研究代表性会议 / 168

表3　艺术与科学图像融合领域示例 / 179

参考文献 / 184

后记 / 185

# 第一章 绪论

2005年7月,温家宝总理去探望钱学森时,钱学森提出了著名的"钱学森之问":为什么我们的学校总是培养不出杰出人才？直至2007年8月,总理再次看望钱学森时说:"我们启发学校重视这个观点:科学家也学些艺术。"钱学森则自己回答了这个问题:"处理好科学和艺术的关系,就能够创新,中国人就一定能赛过外国人。"即科学教育与艺术教育结合,才能培养出杰出人才。而总理的回答是:"我们要超过发达国家,就要在科学和艺术的结合上下功夫;就要重视教学的综合性,培养复合型人才和领军人物。只要坚持下去,一年看不出效果,几年后总会有结果。"①

钱学森曾提出:人的智慧分为"量智"和"性智",也就是科学思维与艺术思维。科学的研究对象是自然界,研究任务是反映客观事物的本质和"真",研究方法多以左脑为主的逻辑思维为主,具有普遍性;艺术的研究对象是人类社会,研究任务是揭示人类社会的关系与"美",研究方法多以右脑为主的形象思维为主,具有一定的个性。

科学家从宏观上对科学顿悟、产生美感,并对美进行探究,是他们创造美丽的科学图像,从而获得审美体验和精神快乐的原动力。诺贝尔物理学奖获得者、英国物理学家狄拉克曾说:"理论物理学家的工作,就是终其一生追求美。"化学家黄乃正院士说:"科学家穷一生的精力不断在自己的研究领域中探索,以求验证出所预设理论的正确性和发展性,在未得到确证前的目标都是抽象而空泛;而艺术家则为

---

① 胡海岩主编《科学与艺术演讲录》,国防工业出版社,2013,第107页。

表达内心的世界而将感性现于具体创作之中,力臻完美,也是不能触摸;但二者其实都向着追求至美至真的目标进发,只是分别在不同的轨迹上各自努力,然而对追求真和美的境界却是不谋而合;真、善、美本就是人类在不同领域中向上追求的最高层面……所以科学与美学的融合可说是人文发展的正确路向。"[①]数学家丘成桐说:"数学的美和艺术的美是相通的……真与美总是联系在一起的,这种对美的探究和追求,是让数学家不停钻研的动力。"

科学图像审美可以从科学的理论、方程、实验之中探究。钱学森曾把思维归纳为逻辑思维、形象思维和灵感思维。灵感思维本质上是审美的、直觉的,依靠灵感迅速做出判断。1996年,美国化学家理查德·斯莫利等三位科学家获得诺贝尔化学奖。因为他们在1985年用激光轰击石墨,形成碳原子簇的结构形态,并成功揭示C60的特殊结构。当时实验样品数量极少,无法进行结构分析,由此他们联想到1967年艺术家巴克敏斯特·富勒在加拿大蒙特利尔世博会所设计的球形结构的美国馆,类似于C60的球形结构,因此将之命名为足球烯。十年后,当科学家们获得足够的样品,通过X射线衍射进行分析后,发现这三位科学家十年前的设想是完全正确的。

科学图像的审美维度非常宽泛。科学公式的形式越简单,美学价值往往越高。美是大自然的天性,也是自然规律的审美表象。爱因斯坦质能方程式:$E=mc^2$,就是以简洁的样式,将大自然普遍存在的质量和能量守恒定律呈现出来,成为科学图像的经典审美样式。同样,遵循科学规律是艺术创造的重要手法,当代艺术家应用电脑科技创作的电影《少年派的奇幻漂流》《阿凡达》等,都是以科学之真,求艺术之美。

---

[①] 崔之进:《国际科学期刊封面图像学》,东南大学出版社,2019,第3页。

# 第二章 科学图像的视觉审美

第二章　科学图像的视觉审美

## 2.1　博物科学图像可视化传播

对当今社会而言，博物学是一门尘封已久的古老学科，它"是指对整个有机体进行发现、描述、分类和理解的活动"①，博物科学图像旨在描画某个有机体的全貌，那些描画生物局部区域或描述特定细胞活动的图像不包含于此。近些年，在薛晓源教授的推动下，博物学研究正在有序进行，他组织编纂、翻译"博物之旅"系列丛书，计划未来十年完成"博物之旅·原典系列"丛书的编辑、出版；2018年华东师范大学出版社出版16世纪博物学家康拉德·格斯纳（Conrad Gesner，1516—1565）的《动物志·动物图志》(*Historia Animalium* & *Icones Animalium*)。

科学与美学结合，以及对过往博物历史的梳理是当前博物学研究常见的视角。网络技术的蓬勃发展促使图像传播成本降低，这与16世纪博物知识可视化发展的原因有相似之处；国内大学提倡的跨学科建设理念，在某种程度上与博物观点殊途同归；国家提出的工匠精神、国民审美教育均在博物图像的制作和欣赏中有迹可循。

在知识可视化视域下，通过对16世纪博物图像和历史脉络的梳理，总结博物知识可视化的多种呈现方式，以及16世纪博物图像对当今科学知识可视化的指导意义，找出促进复杂科学知识艺术可视化表达的方法，并从中汲取跨学科学习的经验。

---

① ［英］罗伯特·赫胥黎主编《伟大的博物学家》，王晨译，商务印书馆，2015，第2页。

### 2.1.1 博物科学图像创作观念的转变

罗马帝国时期以后至16世纪之前的博物画创作、研究乏善可陈,中世纪的博物图像基本沿袭古代先贤的研究成果,甚至加入宗教异想,使博物图像的科学性和可信度降低。

古典时期,亚里士多德(Aristotle,公元前384—前322)、泰奥弗拉斯托斯(Theophrastus,约公元前372—前287)分别在动物学和植物学领域占有一席之地。《动物志》记录动物行为和传说,并附动物生理详细图解,虽然一些理论只是基于亚里士多德的猜测,缺少实验和论证,但仍被后世研究者奉为信条。亚里士多德与泰奥弗拉斯托斯亦师亦友,后者在《植物问考》《植物本源》中用"灵魂"分类法概括植物特征的做法并不理想,但他将动植物研究上升到哲学和文化高度,为其蒙上神秘主义面纱,这种方法对后世博物学家产生较大影响,被文艺复兴时期的康拉德·格斯纳和启蒙运动时期的弗朗西斯·培根(Francis Bacon,1561—1626)等人效仿。

罗马帝国时期的老普林尼(Gaius Plinius Secundus,23—79)编著的《博物志》记录数百种真实或神话中的生物,佩达努斯·迪奥斯科里斯(Pedanius Dioscorides,约40—90)的《药物论》在医药领域风骚独具。他们通过观察获得图像并记录,但是由于技术和认识的局限,难免出现谬误。

中世纪几乎没有伟大的博物学家产生。一方面,中世纪博物志多在翻译、复制古代典籍,少有基于自然观察的建设性修改;另一方面,此时理性思考基本湮没于神秘主义、宗教和巫术之下,这可在变形、拟人的植物图像中得到印证。例如,15世纪两部匿名的博物志《健康全书》(*Tacuinum Sanitatis*,1474)和《健康之源》(*Ortus Sanitatis*,1491)中都有关于"毒参茄"(mandragora officinarum)的图像,两本书插图面貌极为一致。相传毒参茄被拔出土地时会发出尖叫,尖叫将致人死亡。拔毒参茄时,绳子一端系狗另一端系毒参茄,用狗将其拔出可使人免于一死。"致死现象"应与毒参茄"致幻作用"有关,它使人看到异象,因此被赋予"通灵"的神秘主义(occultism)内涵,通过视觉隐喻,还被冠以"催情"功效,雌、雄性两种性别的毒参茄经常同时出现在博物志中。类似情况还存在于博物志中同"水仙花"有关的内容中。(图2-1)

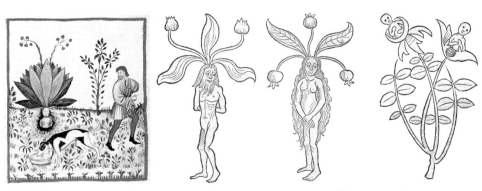

从左至右依次为:毒参茄和狗、雄性毒参茄、雌性毒参茄、水仙花
**图 2-1  《健康全书》中关于"毒参茄"和"水仙花"的插图**
资料来源:《健康全书》(*Tacuinum Sanitatis*),匿名,1474

文艺复兴时期人文科学发展。虽然博物画并未产生实质性转变,但博物学家逐渐回归观察和客观记录。他们在对自然界的描述和分类领域获得进步,即使博物图像仍受古人束缚,但它已经慢慢摆脱对实用学科的依赖,研究逐渐回归动植物本身。于是16世纪迎来了博物科学图像可视化传播的转变——由神秘到科学。

### 2.1.2 博物科学图像可视化传播的原因

此时早期资本主义在欧洲大陆萌芽,中产阶级在文化生活中的影响力增强,印刷术传入,促使出版业崛起,这是"可视化"的技术准备;宗教运动频发,教会分崩离析,人类思想解放,要求复兴古希腊罗马文化的呼声逐渐高涨,中世纪科学失声现象得到改善,这是"可视化"的思想准备;欧洲各国政局不稳,与战争相伴而行,各国希望通过地理大发现获得贸易竞争优势,异域动植物涌入欧洲大陆,这是"可视化"的资料准备。

实用医学和博物爱好的发展是推动博物科学图像可视化的两大动力。古典时期的博物书籍经过多次翻译、誊写、填补,与原始文本产生出入,著书者的盲区、谬误掺杂其中,博物志药用价值受到挑战,医学领域亦亟须记录精准的药学典籍。16世纪后半期,博物学家们的博物爱好逐步代替实用医学,成为推动博物科学图像可视化传播的动因。

1) 科学精神和出版业崛起

14世纪末15世纪初,日益发达的制造业、商品贸易逐渐成为一些欧洲中心城市的主流经济形式。相比农耕经济下的中世纪,此时的欧洲居民拥有更高的受教育程度,以及更多可支配收入。伴随教会分裂及新灵修运动(Modern Devotion)开展,信徒们开始自主阅读、思考经文。东罗马人携古希腊雅典文化去西欧避难,在佛罗伦萨创办"希腊学院"倡导民主自由。社会逐渐倾向于摆脱宗教束缚和神秘愚昧,拥抱科学精神和自由民主,博物学因此一改中世纪的停滞状态,获得发展。

一方面,扩大的读者群伴随需求增加。"宗教热情与民众教育水平的提高造成对俗语书籍,即当地语言写就的书籍的需求"[①],对有拉丁语翻译成当地语言的博物书籍的需求量相应增加。另一方面,博物知识可视化与传播技术有关。1530年后以奥托·布伦费尔斯(Otto Brunfels,1488—1534)《植物写生图册》的出版为标志,雕版印刷在出版印刷业的潜力被发掘,这与大翻译运动相伴而行,前者降低图像印刷成本,加速知识传播,后者从时间、空间领域拓宽读者阅读范围,使古典时期的博物学著作重新进入读者视野。出版行业拥有广阔市场并取得技术进展,促使博物学由文字记录向图像记录转变。

2) 远航探险及贸易推动

欧洲各国在贸易领域的竞争催生出远航、探险,王室希望以此获得财富,在贸易战中取得优势。地理大发现如火如荼,它为欧洲带来异域动植物,为博物学家准备了大量研究对象,促使他们将文献研究与田野调查结合。博物学家的研究兴趣受此激发,用图画和标本记录航海和探险成果。

3) 传统药物论难以满足医药需求

忽略自然观察,直接复制前代药学典籍使药学研究进展缓慢。克拉居阿斯(Crateuas)手稿是已知第一本有植物插图的书籍,经过数世纪的传抄、复制,清晰度、准确性下降。迪奥斯克里斯在其基础上编成《药物论》,因其实用性,自罗马帝国时代开始流传,从未中断。随着原始希腊文版本被翻译成18种甚至更多语言,其影响范围逐步扩大至整个欧洲。然而,《药物论》只包含作者对公元1世纪欧洲东南部植物外形特征的简短描写,当几世纪后整个欧洲的读者将其与当地植物匹配时,差异难免巨大,甚至导致用药错误酿成惨剧。15世纪《健康全书》(1474)、

---

① [美]H. W. 詹森:詹森艺术史(插图第7版),艺术史组合翻译实验小组译,世界图书出版公司,2013,第469至470页。

《健康花园》(1485)和《健康之源》(1491)在描绘自然方面取得进展,但书中仍有大量风格化插图,如前文提到的尖叫致人死亡的毒参茄。

此外,传抄谬误同样阻碍医药发展。印刷术发明前,书籍主要以传抄方式传播,传抄本难免因加入传抄者臆断而发生谬误,导致植物名称、药效、形态等信息错位,令其参考价值大打折扣。

没有精准插图的医药著作常为医生带来困局。医生在医疗过程中遇到药物名称、形态、药性、药效张冠李戴等问题,用药错误会使药效减弱、无效,甚至有害。为了解决这些问题,医生亟须实地观察并描画植物形态,以准确记录各项药物信息。

4) 博物学家的研究兴趣

16世纪后期,医药学带给博物科学图像可视化的动力逐渐消退,这得益于安德烈亚·切萨尔皮诺(Andrea Cesalpino,1519—1603)和乌利塞·阿尔德罗万迪(Ulisse Aldrovandi,1522—1605)的推动。阿尔德罗万迪强调对"事物自然本性的研究";切萨尔皮诺则是一个本质主义者,他认为植物的药用价值和味道是"偶然",希望将注意力从动植物的药用价值转移至其固有属性。

博物学家们百科全书式的博学爱好成为这一时期推动科学图像可视化传播的动因。一方面,当时的博物学家热衷探索自然事物的相似和关联,而非学科式的专业研究。乌利塞·阿尔德罗万迪既是博洛尼亚大学药学教授、植物园园长、私人博物馆馆长、语言学家、目录学家、作家,又是博物学家,这些身份彼此相关,相互促进。由他自发建构的私人博物馆不仅是其博物志的现实来源,而且是学术成果的可视化呈现。为丰富馆藏,他辗转多地探险,利用社交圈获得更多资源。康拉德·格斯纳同样对博物研究保有百科全书式的热爱,其所著《动物史》(分为四卷)(图2-2),主题分别是胎生四足动物、卵生四足动物、鸟类和水生动物,每卷包含诸多条目,每个条目均以插图开始,然后从八个方面介绍。

另一方面,虽然此时的博物学较中世纪已有科学倾向,但博物志的书写尚未形成科学体系,其内容经常与作者的兴趣相关,仍保留文学、道德说教和主观色彩。乌利塞·阿尔德罗万迪的研究目标是精确记录大量动植物及矿物种类,其所著《自然史》体现出"事无巨细"的特点,他不仅记录观察、解剖成果,还将尽可能多的前人描述汇总在书中,"他引用的作者不光是博物学家,还有神父、神学家、诗人、古文物收藏家、历史学家、寓言作家和其他各种形形色色的人"①。康拉德·格斯纳则善于在日常生活中搜集素材,他酷爱登山,他采集登山过程中的植物,制成标本,或绘制手稿,最终著成《植物史》并于 1750 年(他去世后近 200 年)出版。

从左至右分别是第一卷(胎生四足动物)中的豪猪(porcupine),第二卷(卵生四足动物)中的变色龙(chameleon),第三卷(鸟类)中的火鸡(turkey),第四卷(水生动物)中的章鱼(octopus)

图 2-2 《动物史》插图

### 2.1.3 博物科学图像可视化的传播主体

"知识可视化都可以充当一个连接桥(Conceptual Bridge),不仅连接着个体的思维,还连接着部门或专业群体。"②博物图像可视化传播的对象可分为博物学业内传播者和业外传播者两种。业内传播者指在此领域有建树者,他们直接推动博物学发展;业外传播者的范围更广泛,如博物书籍读者、爱好者等,他们间接推动博物学发展。

1) 业内传播者

博物学家、医生、医学生、药学从业者、探险家等是博物知识的生产者,属于业内传播者。他们的身份经常重叠。文艺复兴时期大多数博物学家都有医学或药学教育背景,本职工作为医生或药剂师的博物学家不胜枚举,如《植物写生图册》的作者奥托·布伦费尔斯,《植物志图注》等书的作者莱昂哈特·富克斯(Leonhart Fuchs,1501—1566),《解毒方》的作者乌利塞·阿尔德罗万迪等。一些博物学家也是探险家,如《鸟类志》的作者皮埃尔·贝隆(Pierre Belon,1517—1564),他曾经进行过一次为期三年的探险,途经意大利、希腊、小亚细亚、以色列南部、约旦西南部、

---

① [英]罗伯特·赫胥黎主编《伟大的博物学家》,王晨译,商务印书馆,2016,第 61 页。
② 赵国庆:《知识可视化 2004 定义的分析与修订》,《电化教育研究》2009 年第 3 期。

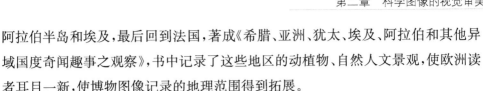

阿拉伯半岛和埃及,最后回到法国,著成《希腊、亚洲、犹太、埃及、阿拉伯和其他异域国度奇闻趣事之观察》,书中记录了这些地区的动植物、自然人文景观,使欧洲读者耳目一新,使博物图像记录的地理范围得到拓展。

他们在博物学领域著书立说,通过图解手段(graphic means)提高博物知识的传播和创新,进而将之转换为生产力,同时推动博物学从涉猎广泛的业余爱好向专业化、体系化的学科过渡。

2) 业外传播者

赞助人、出版商、读者、博物学爱好者、画家等是博物科学图像业外传播者。"科学的价值在于是否被传播,以及传播的深度和广度,形成价值的溢出性和扩散增值效应,提升自身的价值和力量。"[1]博物图册的制作和盈利离不开赞助人资助、出版商出版、读者购买。他们虽然并未直接参与博物图像绘制,或博物学学科体系构建,但仍然是博物科学图像可视化传播的动力。

赞助人为博物学家提供物质支持。赞助人的身份不尽相同,商人、贵族、皇室、政府、大学均可成为赞助人。皮埃尔·贝隆在富商赞助下学习植物学,亨利二世许诺给他一笔皇室津贴,虽然亨利二世忘记发放,但是贝隆最终通过上诉拿到津贴。

博物志作者能否找到合适的出版商出版,影响图书面世时间早晚,甚至能否面世。约翰·肖特是《药物论》的出版商,在他之前鲜少有雕版印刷的博物类书籍出版,肖特出版《药物论》具有开创性。阿尔德罗万迪的《自然志》是一本百科全书式的皇皇巨著,其中包含大量动植物插图,共12卷。但是由于资金、出版等问题,阿尔德罗万迪于1599—1602年出版其中3卷,剩余9卷于1605—1667年由博洛尼亚议院陆续出版。1667年《自然志》全部出版,此时距其第1卷出版和阿尔德罗万迪去世(1605)已有60多年。尽管如此,《自然志》最终得以全部面世。相对而言,增补版《植物志图注》显得运气不佳。富克斯与他的出版商合作出版了《植物志图注》前两版,第三版书稿完成后,出版商去世,富克斯直到去世都没能找到其他愿意承担出版昂贵植物志风险的出版商,第三版书稿最终未能出版。

读者对书籍印刷质量的要求日益提高,消费需求促使博物志在内容和工艺上更新换代。为追求书籍图像精致,富克斯《植物志图注》中的图像均由妇女儿童手

---

[1] 王国燕:《科学图像传播》,中国科学技术大学出版社,2014,第11页。

工上色,虽然他们工资微薄,但手工上色仍使《植物志图注》的成本大幅上升,售价相应提高。

作为参与者,画家在地理大发现时期跟随博物学家探险并记录异域物种,留下很多即时、精美的博物图像。"由于航海探险过程中运输、维护植物不易,因此一些探险家带画家一起上路,借他们之手记录新发现。画家回国后就可以根据标本和记录完善现场素描。"①作为传播者,有时画家的绘画作品甚至比技术书籍上的绘画更精确、更具参考价值而被后世沿用。17世纪很多科学插图并非原创,而是来自文艺复兴时期的图像,"艺术家对事物的精确描述带来出版史上一个很奇特的现象,科技类图书对前人非科技类图书或其他作品中已有插图的沿用(或剽窃)"②。作为受益人,他们利用博物画精确、写实的属性,将其作为绘画创作参照。

### 2.1.4 博物科学图像可视化的发展

博物科学图像可视化的发展主要经历了三个阶段:第一阶段,三位博物学家编写博物志的实践证实,博物志需要包含插图;第二阶段,博物志插图质量逐渐提高;第三阶段,标本与插图并驾齐驱,成为博物科学图像可视化不可缺少的呈现方式。

1) 图像与文字之争

16世纪初期,奥托·布伦费尔斯的《植物写生图册》是以图像为主的博物志代表,他在维第茨(Hans Weiditz,1500—1536)的插图旁配合简单文字描述,利用木版印刷技术,将版画样本短时间复制,印刷成册。完全不采用插图的博物典籍是希罗尼穆斯·博克(Hieronymus Bock,1498—1554)的《新草药志》。博克重视文字编辑,着力于用文字描述事物样貌,并"基于物种间的相似性将植物组织成不同类群"③。

---

① 明尼苏达大学图书馆:Introduction to Botanical Illustration,https://apps.lib.umn.edu/botanical/intro.php.
英文原文:As it was not always possible or practical to transport and maintain plants, explorers often brought artists on their voyages to record their findings through artistic representation. Field sketches were enhanced from dried specimens and notes once the artist returned home.
② 宋金榜、刘冰:《从视觉科学史看科学与艺术的同源性和同质性》,《上海交通大学学报(哲学社会科学版)》2014年第6期。
③ [英]罗伯特·赫胥黎主编《伟大的博物学家》,王晨译,商务印书馆,2016,第51页。

莱昂哈特·富克斯汲取二者长处,他的《植物志图注》既包含大量插图,也包含相关文字信息。图像方面,《植物志图注》改进了维第茨的插图,抛弃透视阴影,整合植物特征。文本方面,描述植物性状、生长环境;展示植物花朵果实,整理最佳采集时节、生长环境、医用范围;采用多种语言命名植物,制成第一张植物词汇表,提供四种语言索引。此外,富克斯对真实世界的敏锐洞察,以及对图像的高标准要求,为《植物志图注》注入新颖性表达。受《植物志图注》影响,此后博物志配图成为主流,这将图像可视化推上新高度。

2) 日益精美的图像

15世纪中期木版雕刻发明,但15世纪末博物志插图仍带有类似中世纪手稿的粗糙、风格化特征,16世纪初延续15世纪末的图像面貌。16世纪30年代,画家汉斯·维第茨制作出印刷效果清晰准确的木刻作品,布伦费尔斯将古代文本插入汉斯·维第茨的木版插图旁,制成《植物写生图册》,图册大量印刷,木版印刷潜力得到充分挖掘。随后,制版线条更精致的铜版、钢版雕刻发展,图像制作日趋精良。

3) 标本收集日臻完善

安德烈亚·切萨尔皮诺、康拉德·格斯纳和乌利塞·阿尔德罗万迪的标本集和私人藏馆基本于16世纪后半期发表或建成,这推动了"标本"在博物领域影响力的扩大。

切萨尔皮诺曾担任比萨植物园园长,并且制成世界上第一部干制植物标本集;格斯纳与朋友拥有一座收藏品众多的花园,其中不乏动植物干制标本;阿尔德罗万迪以琳琅满目的私人标本收藏著称,最终他将私人博物馆捐献给政府,博洛尼亚第一所公共博物馆成立。

## 2.1.5 博物科学图像可视化的发展特点

16世纪博物学家以精准再现样本面貌为目标,博物图像的科学性不断提高;博物研究领域分化和博物图像分类细化使博物志的针对性增强。16世纪上半期,博物科学图像的记录对象主要为植物,尤其关注植物的药用价值,图像多为版画作品,由雕版印刷手工上色制成;16世纪下半期,动物逐渐成为研究热点,博物学的研究重点逐渐从植物的药用及其他延伸用途,转移到动植物的固有属性上来,其可视化的呈现方式逐渐丰富,大量标本涌现,博物馆、植物园建立。

1) 科学性提高

不能排除文艺复兴时期科学意识觉醒对博物志科学性提高的影响,但更重要的是16世纪博物学家研究态度的转变。从蕴含道德隐喻和民间传说的博物志中可以看出,博物学著作在当时尚未完全摆脱中世纪宗教说教影响。"收集资料并作观察的博物志研究方法被视为走向科学认知的重要一步"①,以富克斯、阿尔德罗万迪等为代表的16世纪博物学家们早已将"忠实事物原貌"当作金科玉律,并为此做出开创性尝试,例如团队制图、描画具有理念性的植物图像等。

2) 针对性增强

16世纪的博物志可被分为动物志和植物志两种。动物志可分为鸟类志、鱼类志、昆虫志等,如贝隆的《鸟类志》。植物志包含医药学专业书籍,例如阿尔德罗万迪的《解毒方》,也有综合描述植物特征、用途的书籍,例如富克斯的《植物志图注》。

具体至某一本博物志,还会蕴含对每种动植物的详尽讲解和图例说明。1551年,格斯纳出版的《动物史》对不同国家的动物名称、名称的文献学含义,以及动物的生活区域、外形、生活习性、性格、食用方法、药用价值及其他通途做出详细阐述;并将特定动物图像置于详细介绍前,所有论述都会围绕图像上的动物展开。两本书流传至今,2018年由华东师范大学出版社在国内出版,名为《动物志·动物图志》。

3) 动植物研究并行,不同阶段各有侧重

16世纪各种领域中的博物研究发展比较均衡,但不同阶段各有侧重:前半期偏重植物研究,后半期偏向动物研究。

前半期以创造植物博物图像为主基于以下两方面原因。其一,自然研究初期,人类难免以自身利益为出发点划分动植物种类,医药价值是衡量其价值的主要标准。居民在自家花园种植草药以备不时之需是普遍现象,这也是草药志《健康之源》(*Ortus Sanitatis*)另一个名字《健康花园》(*Hortus Sanitatis*)的由来。其二,迪奥斯科里斯《药物论》是一部奠定西方药物知识基础的巨著。"植物是迪奥斯科里斯描述的药物中最大的来源,所以在早期欧洲大学,植物学和药物学教学是紧密联

---

① 尹飞:《论培根博物志分类与自然哲学》,《自然辩证法研究》2016年第4期。

系在一起的。"①几乎所有16世纪博物学家都具有医学或药学教育背景,他们深受传统医学教育影响,将药用植物作为博物研究的重点不可避免。

16世纪后半期仍然有一些博物学家致力于植物类书籍的编纂、研究,但是书籍的增补、再版主要集中在17世纪,例如约翰·杰拉德(John Gerard,1545—1612)和他的《草药通志》(The Herball,1597)。对草药志的研究在16世纪中期到达顶峰,后期逐渐归于平淡。因为伴随着启蒙运动的兴起,更多学者将研究重点放在植物谱系建设上,而且"化学和药理学的发展削弱了草药医术这个行业"②。此时的博物学巨著当属格斯纳的《动物史》和阿尔德罗万迪的《自然志》,前者专注动物研究,后者兼顾动植物研究,但在动物研究方面贡献笔墨较多。

4)多种可视化呈现方式

16世纪上半期博物学家以富克斯、贝隆为代表,他们致力于编纂图书和制作版画图像,如富克斯的《植物志图注》就包含大量植物外形图像,贝隆的《鸟类志》甚至包含描述鸟类骨骼的版画作品。他们在研究过程中大量参考实物、标本,经常与朋友通信探讨博物学问题,且互邮标本、种子……但他们只将标本作为研究样本,无意将其作为研究成果。

这一情况在16世纪下半叶被阿尔德罗万迪和切萨尔皮诺改变,他们逐渐认识到标本的价值,不满足仅将图像作为研究成果。这种行为转变与博物学的发展有关。当时博物学逐渐摆脱对医学、药学的依赖,研究向"本质"层面发展。博物学家的目光从实用价值转向事物的固有价值,切萨尔皮诺作为"本质主义者"更是着力于推动这一浪潮。阿尔德罗万迪希望见识世界上所有珍奇动植物,他不仅主持编纂图书,而且大力扩充收藏,最终收获皇皇巨著《自然志》和琳琅满目的私人博物馆。切萨尔皮诺代表作《植物》,一反博物志配图传统,更进一步地选用植物标本集作为可视化手段,制成已知最早的干制标本集。

16世纪博物知识以多种可视化方式呈现,由二维平面向三维空间发展,不仅提供更为客观、准确、可信的佐证,而且展现出更为立体、生动的自然图景。

---

① [英]罗伯特·赫胥黎主编《伟大的博物学家》,王晨译,商务印书馆,2016,第31页。
② [英]朱迪思·马吉编《博物学家的传世名作》,吴宝俊、舒庆艳译,化学工业出版社,2018,第26页。

## 2.1.6 博物科学图像的制作方式

制作一本图例丰富的博物书籍绝非易事,收集资料、绘制样本、木刻拓印……博物学家无法凭借一己之力达成,这需要博物学家、画家、雕刻家、出版商等多方协调合作。

格斯纳、阿尔德罗万迪等通过不同渠道获取动植物样本,例如朋友赠予、购买等。阿尔德罗万迪和富克斯还聘请专业制图团队制作图像。例如富克斯聘请海因里希·菲尔毛雷尔绘制植物样本,由阿尔布雷希特·迈耶将样图拓至木板,法伊特·鲁道夫·施佩克勒进行木刻,此外还需工人印刷,妇女儿童手工上色。值得一提的是,富克斯认为《植物志图注》的成功与菲尔毛雷尔、迈耶、施佩克勒的参与密切相关,所以他不仅在书籍开头印刷自己的肖像画,而且在书籍结尾印刷上他们三人的肖像画(图2-3)。

左侧图片为作者富克斯的肖像画(第16页);右侧图片上半部分为菲尔毛雷尔(左)、迈耶(右),下半部为施佩克勒(第897页)

**图2-3 《植物志图注》中作者及制图团队肖像画**

## 2.1.7 博物科学图像的艺术特征

16世纪博物科学图像的艺术特征是:科学性、理念性和审美性。

1) 科学性

探求一手资料和忠实样本原貌使16世纪博物图像的科学性提升。16世纪博物学家重视搜集第一手资料,不惜远赴重洋进行田野调查,猎杀活物,制作标本,绘制解剖图,记录样本数据。他们遵循艺术性服从科学性的原则。富克斯和阿尔德罗万迪雇佣团队制作博物志,他们监督图像制作步骤以确保画师、制图员和雕刻师不会因迁就审美而牺牲准确性和科学性。

2) 理念性

以传递知识为主要目的的博物志必须在有限版面中传递大量知识,信息量越大,信息传播越充分,具有理念性的图像可有效促进博物知识的创造和传递。博物志中包含大量静态文字不易解释的动态性知识,于是博物学家将一种植物的不同生长阶段,或同种植物的不同亚种组织到一幅画面上,所以很多图像并非在描绘真实植物,而是在描绘理念中的植物,具有理念性。

富克斯的《植物志图注》中包含大量理念性博物图像(图2-4、图2-5)。图2-4从左至右展示出龙胆属植物、芍药属植物、药西瓜和菘蓝属植物的生长过程。图2-5左侧第一幅图片展示出紫苜蓿(Medicago Sativa)不同种子形态——黄色肾形种子和紫棕色肾形种子;第二幅图片展示出可用来酿酒的樱亚属欧洲酸樱桃(Prunus Cerasus)、俗称车厘子的甜樱桃(Prunus Avium)以及它们的花朵。理念性图像深得富克斯喜爱,他多次运用这种方法扩充图片内容,帮助读者辨别、研究植物。

从左至右:龙胆属植物(第200页)、芍药属植物(第202页)、药西瓜(第372页)、菘蓝属植物(第331页)

**图2-4 《植物志图注》理念性插图(一)**

(资料来源:https://hos.ou.edu/galleries/16thCentury/Fuchs/1542)

从左至右:蔷薇科苜蓿属植物(第 403 页)、樱亚属植物(第 425 页)
**图 2-5 《植物志图注》理念性插图(二)**
(资料来源:https://hos.ou.edu/galleries/16thCentury/Fuchs/1542)

3) 审美性

"视觉并非仅仅停留在感受活动上,而是积极的选择行为。"①如果一本博物书籍拥有比同类书籍更具吸引力的图像,它就会吸引更多读者,从而获得更大市场和更多经济回报。所以"科学图像的审美性在科学图像的传播过程中往往起着重要作用……审美仍然是科学家制作科学图像时要考虑的重要因素之一"②。

图 2-6、图 2-7 分别来自《健康花园》(*Gart der Gesundheit*,1485)和《健康之

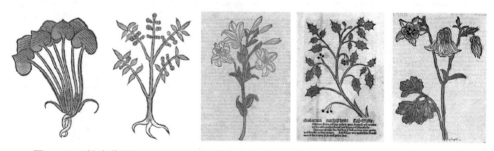

**图 2-6 《健康花园》(1485)部分插图[作者:彼得·舍弗(Peter Schöffer,约 1425—1502)]**
[资料来源:https://commons.wikimedia.org/wiki/Category:Gart_der_Gesundheit_(1485)]

---

① 赵慧臣:《观看:知识可视化视觉表征意义解读的方式》,《远程教育杂志》2011 年第 3 期。
② 宋金榜、刘冰:《从视觉科学史看科学与艺术的同源性和同质性》,《上海交通大学学报(哲学社会科学版)》2014 年第 6 期。

源》(*Ortus Sanitatis*,1491)。后者亦名《建康花园》(*Hortus Sanitatis*)。"Ortus"意为"起源(origin)","Hortus"意为"花园(garden)","Sanitatis"意为"健康(health)"。前者是后者的基础,后者被视为前者的拉丁译文。

图 2-7 《健康之源》(1491)部分插图[作者:雅各布·梅登巴赫(Jacob Meydenbach)]

(资料来源:http://cudl.lib.cam.ac.uk/view/PR-INC-00003-A-00001-00008-00037/258)

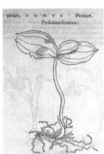

从左至右:封面、前页第1页、3张植物线描(75页、119页、181页)

图 2-8 《草木植物志》(1530)部分插图

(资料来源:https://hos.ou.edu/galleries)

从左至右分别来自书中第49页、第14页、第38页

图 2-9 《动物史》(1551—1558)部分插图

(资料来源:https://hos.ou.edu/galleries)

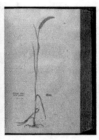

图片从左至右分别来自第 35 页、第 734 页、第 131 页、第 283 页和第 571 页

图 2-10 《植物志图注》(1542)部分插图

(资料来源：https://hos.ou.edu/galleries)

图片从左至右分别来自第 7 页、第 9 页、第 552 页、第 283 页和第 131 页

图 2-11 《动物志》(1570)部分插图(作者：乌利塞·阿尔德罗万迪)

(资料来源：https://hos.ou.edu/galleries)

对比 15 世纪和 16 世纪的博物图像(图 2-6 至图 2-11)不难看出，16 世纪图像的审美性逐渐突出，主要表现在以下六个方面：(1)线造型水平提升，物体结构完整；(2)样貌脱离概念化，展现事物特征；(3)色彩沉稳，层次丰富；(4)单体为主，构图灵活；(5)平面性减弱，装饰性增强；(6)排版考究，注重图片、文字位置安排；(7)人物动态生动，比例严谨。"通过对这些元素的编排，营造视觉生理的舒适与愉悦，引导受众按照设计者的意图去感觉，用最轻松有效的感知方式获得最佳印象，实现传达和沟通的目标。"[①]

### 2.1.8 博物科学图像可视化的作用

将博物知识可视化可以有效帮助读者理解文本，加速博物知识的传递，为后世博物学家提供研究参照。此外，一些书籍、图像具有较高审美价值，应该被看作艺

---

① 王国燕：《科学图像传播》，中国科学技术大学出版社，2014，第 29 页。

术作品。

1) 加速传播

图像可视化具有辅助读者理解文本和加速知识传播的功能,这两方面往往相伴而行。图像和标本是对仅用语言文字传递的信息的完善和补充,可尽量使复杂见解变得通俗易懂。与文字不同,识别它们基本无门槛、无障碍,由它们承载的知识可以跨越任何语言、文字、种族和国家;它还可以"向读者展示无法用文字表达的那些特质"①。正因如此,知识传播效率获得极大提高。

2) 提供参考

对于照相技术发明前的研究者来说,版画图像和标本相当于"照片",起"再现"作用,它们能够为研究者提供较为准确、直观的参考资料,成为科研进展的催化剂,通过研究可视化成果,科学家能够获得新洞察、新灵感和新佐证。

例如,阿尔德罗万迪在《动物志·怪物卷》中提供了较早有关畸形患者的图像记载,他试图解释这些"反常现象"。佩德罗·冈萨雷斯(Pedro Gonzales)因相貌奇特而成为献给法国国王亨利二世(Henry Ⅱ)的礼物,他的女儿安东涅塔·冈萨雷斯(Antonietta Gonzales)得到他的遗传,去世后确诊为多毛症。又如皮埃尔·贝隆在《鸟类志》中呈现出人类和鸟类的骨架图像,体现出两者的同源性,后来相关图片被阿尔德罗万迪纳入包罗万象的《动物志》中。(图 2-12)

3) 增强创新

博物画常因工细、写实而被排除出艺术品行列,但当欣赏艺术的眼光不断变化,当以《千里江山图》为代表的画院绘画被当作不可多得的艺术佳品,当20世纪70年代照相写实主义(Hyperrealism)成为一个流派,当超写实主义艺术家认为艺术应不含主观感情,用大众的眼睛(照相机)观察和反映生活时,博物画是否应该被给予适当宽容并成为艺术品,亟须讨论。

*The Art of Botanical Illustration: The illustrated history* 的导言(Editors' Preface)一开头就肯定博物画作为艺术品的价值:"植物插图的范围从单纯的植物学到单纯的艺术品,从对放大根茎的描绘到水彩画的玫瑰,在这两个极端之间存在

---

① [英]朱思迪·马吉编《博物学家的传世名作》,吴宝俊、舒庆艳译,化学工业出版社,2018,引言。

美丽科学——科学图像审美研究

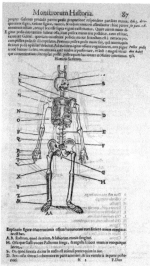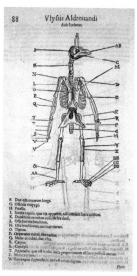

从左至右：多毛症患者安东涅塔·冈萨雷斯（Antonietta Gonzales）12岁肖像（第18页），人类骨架（第87页）、鸟类骨架（第88页）

图2-12 《动物志》部分插图

（资料来源：https://hos.ou.edu/galleries/16thCentury/Aldrovandi/1570）

大量兼具艺术与科学价值的绘画。"①

### 2.1.9 博物科学图像可视化的影响

16世纪博物科学图像可视化的影响主要表现在推动学科分类，构筑学科体系，揭示图像于信息传递的重要性，提供跨学科学习研究思路方面。

1) 推动学科分类，构筑学科体系

16世纪博物学逐渐摆脱对诸如医学、药学等功利用途的依赖，在样本图像、标本采集、记录、保存、鉴别等方面取得长足发展。基于这些资料，文艺复兴时期的博物学家开始尝试对物种分类，虽然在分类方法上仍体现出中世纪教会带来的束缚，

---

① Wilfrid Blun & William Thomas Stearn, *The Art of Botanical Illustration*: *The Illustrated History* (London: Quantum Publishing Ltd. ,2001), p. 23
原文：Plant illustration ranges from the purely botanical to the purely artistic , from a drawing of a magnified root-section to water-color of a vase of roses. Between these two extremes lies a vast body of drawing and paintings with a combined scientific and aesthetic appeal — botanical records which are at the same time works of art.

24

但仍然对启蒙运动时期的动植物谱系建设带来积极影响。如安德烈亚·切萨尔皮诺的《植物》一书就展现出制作植物谱系和分类的尝试。难以计数的博物图像、标本展现出不同时期、不同地域的动植物面貌,自然科学的不同门类从中生发。

2) 揭示图像对信息传递的重要性

富克斯奠定了古代西方博物志配图传统,其他 16 世纪博物学家基本都遵循这一传统开展博物志编纂;虽有个例未将图像纳入博物志,但仍配合其他可视化呈现方式对博物志加以说明,如制作标本集等;为使博物知识更加直观,理念性植物形象出现:这些进步对加快信息传递速度具有积极影响。凡此种种使一个观点得到印证——图像在博物学领域逐渐取得"与语言一样平等的权利,而非被转化为语言"[①],正所谓一图胜千言。

3) 提供跨学科研究思路

博物学是一门包罗万象的学科,16 世纪是西方博物学蓬勃发展的开端。百科全书式的博物观念已然成为当时流行的思考方式,不可否认,文艺复兴时期的绘画巨匠们同样受到博物学观念影响,他们活跃在绘画、建筑、雕塑等多个领域,尤以莱昂纳多·达·芬奇为代表。

## 2.1.10 小结

16 世纪博物图像尚未脱去中世纪神秘、说教的旧装,又即将身着启蒙运动科学、理性的新衣,16 世纪作为博物科学图像承上启下的转折点应被给予重视。

科学精神、出版业的崛起,远航贸易探险的推动,医药领域的需求,博物学家的研究兴趣构成 16 世纪博物图像可视化传播的原因。图像可视化的业内传播者(如博物学家、医生等)和业外传播者(如出版商、静物画家等)对博物图像可视化传播起不同程度的促进作用。

16 世纪博物图像可视化发展经历三阶段,三位博物学家编写博物志的实践证实,博物志需要包含插图;雕版印刷技术进步,插图质量提高;标本与插图并驾齐驱,成为博物科学图像可视化不可缺少的呈现方式。

图像科学性提高,博物志的针对性增强。16 世纪 50 年代以前,博物科学图像

---

① 杭迪:《W. J. T. 米歇尔的图像理论和视觉文化理论研究》,博士学位论文,山东大学,2012,第 96 页。

的记录对象主要为植物,尤其关注植物药用价值,图像多为版画作品,50年代之后,动物逐渐成为研究热点,博物学转移到对动植物固有属性的研究上来,可视化的呈现方式多样化。

博物知识可视化可以有效帮助读者理解文本,加速博物知识传递,为后世研究者提供图像参照,此外,具有审美价值的博物图像应该被看作艺术作品。16世纪博物科学图像可视化的影响主要表现在推动学科分类,构筑学科体系,揭示图像于信息传递的重要,提供跨学科学习、研究思路等方面。

从文艺复兴时期起,博物科学图像可视化已然成为一个趋势延续至今。

## 2.2 卡哈尔脑神经解剖图像的艺术特征研究

1906年,西班牙脑神经专家圣地亚哥·拉蒙·卡哈尔(Santiago Ramón y Cajal)获得诺贝尔医学奖。2018年,纽约Grey美术馆为卡哈尔举办"The beautiful brain"画展,Kelly Ryser研究员称卡哈尔为科学界的"肖像画家",并将他称为科学界的达·芬奇,认为他将解剖图创作为肖像画,而非科学插图。

卡哈尔绘制的脑神经细胞解剖图(下文简称为解剖图)涉及艺术和科学两个领域:他在医学研究过程中,改进卡米洛·高尔基(Camillo Golgi)的染银法,观察神经元细胞的精密结构,这为详细记录细胞形态提供可能;当时的摄影技术尚未完善,卡哈尔只能手绘实验成果,从而使得脑神经细胞解剖图最终成型。解剖图像在记录实验结果的功能基础上,兼具审美传情的功能。

卡哈尔有关"自我意识"的研究使得神经元细胞体现出"人类的品质"。自我意识与超现实主义艺术的理论来源和弗洛伊德精神分析法有关,弗洛伊德博士毕业于维也纳大学医学院,从事脑解剖和病理学研究,是精神病医师、心理学家、精神分析学派创始人。超现实主义代表画家达利的创作理念来源于精神分析学,而同时代的卡哈尔与达利、弗洛伊德均有联系。因此,科学家卡哈尔创作的解剖图像很可能对超现实主义画派具有一定的影响。

### 2.2.1 研究现状

卡哈尔研究中心(IC)是位于西班牙的一个专门收集、整理、研究卡哈尔资料的组织,它率先提出解剖图是融合科学见解和艺术技巧的手稿,并于 2017 年前后和美国明尼苏达大学魏斯曼博物馆(Weisman Art Museum)联合举办名为"大脑之美"的巡回展览。

"西班牙国家研究委员会(CSIC)是全欧洲第三大致力于国内多学科研究的最大的公共机构,目的是促进西班牙在科学、教育和经济发展上的竞争力。"[1]委员会给予卡哈尔研究中心巡回展览支持,一方面为增强西班牙国际科教领域竞争力,另一方面是因为解剖图有潜力成为西班牙对外交流的名片。

在 2014—2019 年西文期刊全文数据库 Web of Science 和 Elsevier 中检索关键词"The illustration of Cajal""Cajal's art""The inspiration of Cajal",结果为:关于解剖图的研究重点集中在生理学、医学等自然科学领域,对其艺术价值的研究寥寥无几,在国内数据搜索引擎知网、超星中,对解剖图的研究就更是凤毛麟角,仅有零星几篇,一些杂志的科技专栏曾对手稿进行过只言片语的描述,不能作为理论研究的材料。

DeFelipe 博士是一位对卡哈尔脑神经解剖手稿保持前沿研究的学者,他曾于 2010 年和 2018 年分别出版《卡哈尔灵魂的蝴蝶:科学和艺术》(*Cajal's Butterflies of the Soul:Science and Art*)和《卡哈尔的神经元森林》(*Cajal's Neuronal Forest*)等书,重点介绍手稿体现出的,科学、艺术的关系,并在后者中提道:"正如我们在这本书和《卡哈尔灵魂的蝴蝶》一书中看到的,很多科学家的插图都可以看作属于某些艺术运动,如此现代主义、超现实主义、立体主义、抽象主义和印象主义。"[2]中国台湾采实出版社翻译的中文版《大脑之美》(*The Beautiful Brain:The Drawings of Santiago Ramón y Cajal*)于 2017 年出版,将卡哈尔的经典手稿按大脑细胞、感知系统、神经元的传导路径和发展病理学分类。

---

[1] 赖瑞·斯旺森(Larry W. Swanson)、艾瑞克·纽曼(Eric Newman)、阿尔冯索·阿拉奎(Alfonso Araque)等:《大脑之美》(*The Beautiful Brain:The Drawings of Santiago Ramón y Cajal*),台北采实出版集团,2017,第 206 页。

[2] Javier Defelipe, PhD, *Cajal's Neuronal Forest:Science and Art* (New York, NY:Oxford University Press,2018),p. 105.
原文为:As we have seen in this book and *Cajal's Butterflies of the Soul* (DeFelipe),many of the illustrations of these great scientists and artists can be considered to belong to artistic movements,such as modernism,surrealism,cubism,abstractionism,and impressionism.

对解剖图像艺术价值的研究处在起步阶段,主要研究阵地集中在美国。我国台湾地区对国际研究成果略有引进,大陆地区相关研究基本空白,仍有较大发展空间。运用美术学相关知识研究手稿的艺术价值,不仅要解决手稿的艺术表达问题,还应将其放在美术史中讨论其内涵和影响,如解剖图像是否属于某些艺术运动等。

### 2.2.2 解剖图像的艺术特征

近代艺术受到科技发展的影响,观察方式以及表现技法上都有所革新。印象派借助光色原理,丰富创作色域,管装颜料拓宽绘画对象的范围;摄影技术革新带动摄影艺术发展,都是有力的佐证。受商业经济发展影响,现当代美术逐渐成为商业发展中不可缺少的环节,波普艺术以及各类型商业插画的发展,革新了绘画的面貌。

此前,由于科学技术等物质层面的限制,人们观察世界、描述世界的方法都十分有限。西班牙脑科学家卡哈尔绘制的脑细胞解剖图像,就是人类对微观世界新颖而艺术的描绘。卡哈尔绘制的脑神经细胞解剖图具有抽象艺术的形式美感。下面从艺术作品的线条、色彩、构图、形式美感四个维度阐释卡哈尔解剖图像的艺术特征。

1)解剖图像的线条造型

线条是卡哈尔造型的主要手段,他赋予线条理性和感性的双重性格。线条成为主要造型手段的原因为:"线"可在短期内转译物体。"世上所有内外现象,都能以线的方式来进行某种抽象表达,不妨把这种现象叫作线的转译。"[1]解剖图的一个重要任务就是记录实验对象的形态。如果以"点"造型,图像分散且耗时费力,"面"造型的实质是厘清对象的形状,即描绘边缘轮廓,最终依然回归于"线"。

另外,线条具有方向和张力。线条的方向可以引导观者的视觉方向,不同线条呈现不同张力。卡哈尔描绘的线条不是粗细均匀、相互平行的线,而是宽窄各异、非同轴不规律的线。

(1)理性的线条

理性的线条以科学实验和客观记录为基础。卡哈尔以神经元为观察对象,在

---

[1] [俄]瓦西里·康定斯基:《点线面》,重庆大学出版社,2017,第60页。

实验记录中,使其集科学之严谨与艺术之感性为一身。

以瘫痪者大脑皮层内的胶质细胞(图 2-13)为例,该图是经卡哈尔检验的一名瘫痪患者的大脑切片,"脑部受损或罹患神经退化性疾病的患者,通常在他们的大脑内就能看出病变的征象,例如淀粉质色斑块(amyloid plaque)和神经纤维纠结(neurofibrillary tangles)"①。作为画面主体的是"杂乱"的"神经纤维纠结",但卡哈尔通过分组描绘,用线的轻重缓急,使其乱中有序。短促、重复的深色实线组成自左下至右上延伸的形状,形成类似"眼睛"的重色"面",这成为距观众最近的画面主体——变形的胶质细胞(A)。

**图 2-13 瘫痪者大脑皮层的胶质细胞**
(资料来源:《大脑之美》,第 176 页)

在此基础上,作为配角,散布在画面各处的"淀粉质色斑块"不仅进一步反映瘫痪者大脑皮层的真实情况,而且成为丰富画面的陪衬。加上其他细胞和无规则的浅色杂线,画面展现出更为丰富的层次,最终形成以线为主、以线成面、兼有点点缀的具有形式感的图像。

(2)感性的线条

以瘫患者大脑皮层内的胶质细胞(图 3-13)为例,神经纤维纠结和淀粉质色斑块胶质细胞存在于患者大脑皮层内,这种背景不免使画作蒙上阴霾。当观众观赏这幅图时不免产生纠结、繁复的情绪,这是由画面的表达方式和氛围决定的。

复杂线条组成的平面,占用画面三分之一的面积,并位于画面的视觉中心,构成带有压迫感的深灰色"眼睛",眼睛形状的图形饱含神秘力量、牺牲等意涵,如埃及的荷鲁斯之眼,加之左上角的"鬼脸",虽现在已无从考证这是否为卡哈尔有意安

---

① 赖瑞·斯旺森、艾瑞克·纽曼、阿尔冯索·阿拉奎等:《大脑之美》,台北采实出版集团,2017,第 177 页。

排,但这些的确为画面增添一丝诡异而神秘的氛围。另外,画面中散落的、被灰色圆圈包含的黑点,也很容易被联想到有关眼睛的暗示。在平面视觉最远处,用浅灰、纤细的折线、圆圈使画面更加繁复,眼睛的暗示、繁复的线条传递出沉郁的情感。

2) 解剖图像的色彩造型

梯形细胞核内赫尔德萼的解剖图(图2-14),是一幅黄色调的解剖图,由环形和曲线组成的面——被黄色填充的赫尔德萼。

赫尔德萼是带着听觉轴突与脑干中的"斜方体"的神经元接触时形成的突触,是大脑内最大的突触,负责接收声音。因其形状宛如花萼,并由韩斯·赫尔德(Hans Held)发现,故于1883年将其命名为赫尔德萼。

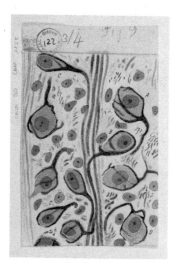

**图2-14 梯形细胞核内的赫尔德萼**
(资料来源:《大脑之美》,第104页)

画中的赫尔德萼呈现出不同的朝向,或斜向右上方,或斜向左下方,当它们被汇聚在一个画面中产生交错关系时,便赋予画面向四面八方延伸的张力。赫尔德萼的内部由三种颜色构成:混有灰色的黄色,纯度较低明度较高的红色,以及纯度明度都较低的冷红色。

黄色具有刺激且令人心烦气躁的属性,"显露出咄咄逼人的本质,黄色越浓,其色调就越刺激尖锐,有如刺耳的喇叭声"[1]。黄色被视为粗俗、生成离心运动、前进的颜色。但这幅画中,卡哈尔将黄色混入灰色,并在被黄色包裹的中心区域加入纯度较低的冷红色。灰色被视为安静,甚至犹如死巷、枯井的颜色;红色凝结而坚定,具有强烈的向心力。沉静的灰色和端庄的红色一定程度上中和掉黄色的"疯狂",使赫尔德蓴同时具有活跃和沉稳的双重特征。

此外,出现在黄色中心的红色区域既有与黄色类似的质感和感染力——象征生命力和喜悦,同时给予黄色凝聚力。尤其是红色中心那一两个明度更低的冷红色小点,使赫尔德蓴在活跃中透露出稳定。将动静对比集中在一个物体上,画面显得奇特而活泼。

黑色曲线包裹黄色,使其不向外"失控"扩散。空白处抖动的短线和红色圆圈,也不断强化动静对比。不仅如此,画面中间以四条灵活的暗黄色曲线贯穿,构设出观念平面(ideal plane)的纵深感,并形成上升的张力,使这些赫尔德蓴如同具有旺盛生命力的种子,不断攀缘生长。

3) 解剖图像的构图造型

1906 年,与卡哈尔在类似研究领域获得诺贝尔奖的卡米洛·高尔基,也描绘过很多神经元细胞解剖图。高尔基倾向于利用医学知识和实验结果,对神经元进行描述;而卡哈尔则倾向于"自由"地描绘对象,"自由"并非不严谨,而是在准确记录实验结果的基础上做了些美术层面的决定。

二者创作的神经元图像都具有一定的构图特征。卡哈尔绘制的海马回(图 3-15)形态明确,没有机械而死板的风格,显示出掌控全局的流畅和自信。主体在纸面偏右,他没有对画面构图进行刻意经营,却达到一种效果:海马回最右部超出画面,上部外轮廓向右上角翘起,仿佛是在引导视线向画面外部延伸,右侧外部是一片空白,似乎是卡哈尔给观众的玩笑——想看完整吗?但是我的画到此为止了!

画面不仅构图有趣,而且饱含作者的情感。卡哈尔曾在自传里文情并茂地描述海马回的锥状神经元:"这样的角锥装细胞(图 2-15 中 a 和 b)就像花园里的植栽——宛如连珠的风(hyacinths)——仅靠着排列,呈现出优雅曲线。"[2]放松的笔

---

[1] [俄]瓦西里·康定斯基:《艺术中的精神》,重庆大学出版社,2011,第 93 页。
[2] 赖瑞·斯旺森、艾瑞克·纽曼、阿尔冯索·阿拉奎等:《大脑之美》,台北采实出版集团,2017,第 139 页。

触中透露出卡哈尔性格中的自由,这是与科学的严谨相悖的特质,但都在他的画中得到统一。

高尔基绘制的海马回图像(图2-16)中,他有意将纸勾勒出画框,并使画框左右页边距小于上下页边距,此外他还在图画框的外部进行有规律的标注,图画框上部的两组文字,紧靠画框的左右边缘,下部的三行字分别左对齐、中心对齐、右对齐,可见他十分在意文字排版。他将主体放在画框正中,流畅的线条显示出严谨和冷静,甚至机械,构图略微偏小,他尽可能展现海马回的全貌,使它显得科学而严谨。

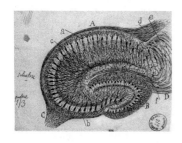

图2-15 卡哈尔绘制的海马回
(资料来源:《大脑之美》,第138页)

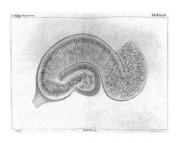

图2-16 高尔基绘制的海马回
(资料来源:网络)

与高尔基绘制的海马回类似,当时有很多动植物学家绘制过精美的动植物图像,其出发点是为记录真实,而非进行艺术表达。这些评价并非对卓越科学家的苛求,只是说明卡哈尔的解剖图具有难得的艺术内涵。

(1)多视点构图

在卡哈尔众多解剖图的构图方法中,最值得一提的是他的"眼部视网膜细胞"解剖图,他运用了具有立体主义特点的构图方法——将三维物体在纸上进行二维转换,"用单一的图像呈现出多重视角"[1],这幅解剖图体现了立体主义观察物象的方式。

眼部视网膜细胞解剖图(图2-17)表现出多视角的观察方式对卡哈尔的影响。此图右边标记的ñ和o为胶质细胞,即是能协助神经元处理视网膜视觉信号的非神经细胞;为了将这两个细胞另外标明,他清楚地描绘出胶质细胞和神经元的不同,他将一个星状胶质细胞(o)放在一边,所以观众能够在一个平面内看到不同空

---

[1] 赖瑞·斯旺森、艾瑞克·纽曼、阿尔冯索·阿拉奎等:《大脑之美》,台北采实出版集团,2017,第88页。

间中细胞的形貌。

(2) 运动式构图

"卡哈尔的解剖图沿用至今,在阐述通用概念上,没有其他图稿能够超越其清晰度和可信性,一幅卡哈尔解剖图就能直接阐释一系列细胞基本活动原则,且比利用数张照片呈现还要清楚许多"①,这就是卡哈尔采取多次的运动式构图,它将三维的细胞运动呈现在二维平面上。

"皮肤细胞的区域"(图2-18)用多个独立图形和数字,描绘出皮肤细胞分裂的不同阶段。由于该图着重科学表达,或许不能算作真正意义上的运动式构图。但是,"兔子受伤6小时后,被

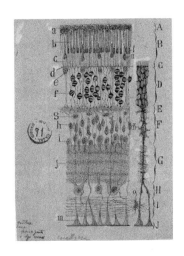

图2-17 眼部视网膜细胞
(资料来源:《大脑之美》,第87页)

截断的神经残余"(图2-19)就可以算作真正的运动式构图,因为它将兔子受伤6小时后不同阶段神经残余的生长情况综合在一幅画中,着重强调其恢复的过程。

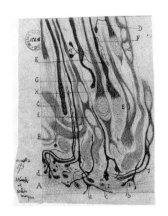

图2-18 皮肤细胞的区域
(资料来源:《大脑之美》,第162页)

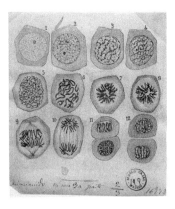

图2-19 兔子受伤6小时后,被截断的神经残余
(资料来源:《大脑之美》,第180页)

图2-18中,A是最早的伤口,即神经元断裂的地方,G和H分别是因为受伤而肿大的受损轴突,有些轴突(D、E、F)会生长出细薄的分支,是初期成长指标,一

---

① 赖瑞·斯旺森、艾瑞克·纽曼、阿尔冯索·阿拉奎等:《大脑之美》,台北采实出版集团,2017,第19页。

段时间后,这些分支会跨越隔离神经残余和断掉那端的缝隙,最终抵达目标器官,如果重新生长的穿越周围神经的轴突够多,神经功能就可以重新恢复。

图 2-19 中,画面中断裂的神经元呈现出重新生长的趋势,卡哈尔记录轴突初期成长的不同阶段,就如同他正在讲述一个有关细胞的生命故事,没有选择伤口愈合的那个瞬间,而选择神经元尚未愈合却努力愈合的那个瞬间。

4)解剖图像的形式美感

"形式"是关系的和谐,在卡哈尔创作的解剖图中,线条、色彩与构图的和谐,科学与艺术的和谐使得图像具有抽象艺术的形式美感。

(1)疏密形式美——普金斯神经元之美

卡哈尔曾将神经元比作森林,并表达对其形态的喜爱,他尤其偏爱小脑内普金斯神经元(图 2-20),他曾在自传中提道:"我们的公园内会有许多比小脑内普斯细胞更加优美、高贵的树木吗……"①

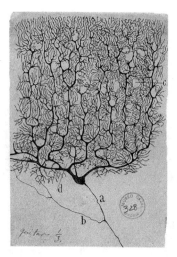

图 2-20 人体小脑内的普金斯神经元
(资料来源:《大脑之美》,第 48 页)

在这张解剖图中,卡哈尔将构图整体向上抬高,将画面主体控制在画面上方三分之二处,用普金斯神经元组成一个类似正方形的形状,它的基面宁静、客观。支

---

① 转引自赖瑞·斯旺森、艾瑞克·纽曼、阿尔冯索·阿拉奎等:《大脑之美》,台北采实出版集团,2017,第 49 页(Cajal, *Recollections*, p. 364)。

撑这个形状的框架是画面中较粗,笔力较重的六条弯曲的竖线,透露出温暖而恬静的气质,由它们生发出其他神经元曲线,使得画面显得温和。于是,这繁密的神经元森林,呈现出宁静温和的外形和温暖向上的内核,使画面被宁静、蓬勃的气氛笼罩,为"神经元花园"增添几分诗意。与方形区域内的细密不同,画面下方留下三分之一空白,画面形成疏、密两部分。然而,画面的疏密对比不限于此,卡哈尔在方形的细密区域留出一些不规则的空白,这些空白是神经末梢相互交织留出的空隙,它们给予这片"森林"呼吸感。

(2)黑白灰形式美——兔子大脑皮质层内的锥状神经元树突

兔子大脑皮层内的锥状神经元树突(图2-21)的结构并不复杂,但是它的黑白灰节奏引人入胜。运用黑白灰使三个树突呈现出由远及近的空间关系,最右侧重灰色树突上众多小黑点代表更加细小的突触,重灰色条状区域与黑点配合,位于前景。

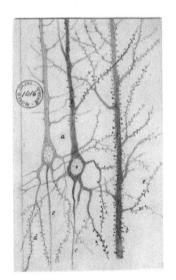

图2-21 兔子大脑皮层内的锥状神经元树突
(资料来源:《大脑之美》,第44页)

中景部分为灰色圆形树突,它的分支与最右侧条形浅重灰色树突相互遮挡,使二者在黑白灰关系上呈现出"分庭抗礼"的局面。最远处浅灰色树突被用作丰富画面构图和黑白灰关系的存在。从科学解剖图角度看,卡哈尔描绘出树突上的所有细节,每个树突都是他归纳出的典型形象,这也是卡哈尔解剖图至今仍具有参考意义的关键所在。

(3) 点线面形式美——大脑皮质层内受创后的疤痕组织

卡哈尔的解剖图蕴含大量点线面元素,这为运用康定斯基的理论解释解剖图提供了合理性和新角度。

以"大脑皮质层内受创后的疤痕组织"(图2-22)为例说明点线面对解剖图的影响。大量角线营造出戏剧冲突,这幅画中蕴含两种不同类型的角线:代表尖锐活泼的锐角和代表迟钝消极的钝角。不同角度的锐角和钝角呈现不同程度的活泼和消极,增添了画面情绪的复杂度。

图2-22　大脑皮质层内受创后的疤痕组织
(资料来源:《大脑之美》,第175页)

其丰富性不仅于此,不同角度相互重叠交错,"点"在交错的角线和曲线中"游走",强化线的力量和生气。线条甚至延伸为"面","面"连接不同角线,将锐角和钝角统一在一个图形中,进一步增添画面的复杂性,营造出激烈的戏剧冲突。

"冲突"不仅表现在视觉感受上,还表现在角线和色彩的平行类似关联上。锐角代表活泼,与黄色类似;钝角表现出沉郁,与蓝色类似。从锐角到钝角,依次对应色谱的黄色至蓝色。如此看来,画面是由颜色叠加而成的。除此之外,运用不同笔力控制点线面的强、弱、粗、细,使其带有丰富的乐音变化,这可以看作点线面本身就具有的音乐属性,使画面产生韵律感,我们似乎可以听到节奏丰富的交响。

对于医学从业者,卡哈尔的神经解剖图像是研究素材,于普通观众,它们是艺术欣赏的对象。艺术评论家罗伯塔·史密斯(Roberta Smith)在《纽约时报》(*New York Times*)上阐述过类似观点:如果你懂科学,就会知道这些画作是相当顽固的事实,如果你不懂,它们就是想象力可以潜入的具有暗示性主题的深潭。它们的线条、形式、各种纹理的点和微弱的铅笔圈将被任何现代艺术家羡慕。

### 2.2.3 解剖图像的科学与艺术特性

卡哈尔在《研究科学的第一步》(Advice for a Young Investigator)一书中,对科学和艺术之间的关系提出过一个全面的观点:研究者应该具有一种艺术气质,促使他去寻找和欣赏事物的数量、美和和谐;在我们为生活而奋斗的过程中,思想在我们的头脑中创造了一种合理的批判性判断,它能够拒绝白日梦的冲动,而支持那些最忠实地拥抱客观现实的思想。卡哈尔认为科学的准确与艺术的美感具有一定程度上的和谐与关联,这可以引导研究趋于正确;一定程度上,科学和艺术相辅相成。

1) 记录与审美的和谐

解剖图具有两个功能:科学功能——记录实验成果;额外功能——审美传情。这两种功能相互融合,和谐共处。毛姆在《对于某本书的思考》中讨论到创作过程中的限制和创作的关系时说:"我相信这位画家绝不会认为主顾的意愿是对他美学自由的侵犯;相反,我更相信倾向于认为创作限制带来的困难反倒激发了他的灵感。"本质功能扮演"主顾"角色,起到"限制"作用。针对具有固定形态的神经元细胞,作为科学家的卡哈尔不能像康定斯基等纯粹的抽象主义画家那样,完全摆脱真实的事物形态,将创作指向纯粹的色彩和形状构成,他必须在阐述细胞客观形态的基础上进行具有艺术气质的严谨表达。这些固定的对象虽然对卡哈尔的作品进行了一定程度上的限制,但是也为卡哈尔提供了截然不同的描述对象和观察视角,从而激发出卡哈尔的创作灵感,使画面达到审美传情的效果。

2) 感性与理性的和谐

卡哈尔创作的脑神经解剖图兼具科学记录的理性与艺术感性之间的和谐。首先,卡哈尔成为专业的医学研究者后,摄影和绘画仍然是他休闲时光的重要组成部分。他的摄影和绘画作品多反映市井生活、常见的生活场景、野外的风景以及旅行途中的所见所闻(图2-23)等,不仅如此,他还主动钻研摄影方法,用自己发明的技法拍摄静物作品(图2-24)。

其次,他对研究抱以极大的热情,并将这些情感倾注于解剖图中,这可以在他实验观察的过程中得到印证:卡哈尔在自传中说他曾用近20个小时,观察行动迟缓的白细胞艰苦逃离毛细血管的过程。查尔斯·谢林顿(Charles Sherrington)是

图 2-23 奇闻逸事(卡哈尔摄影)
(资料来源:网络)

图 2-24 静物摄影
(资料来源:《大脑之美》,第19页)

一位颇受尊敬的生理学家和神经学家,曾在卡哈尔访问伦敦期间接待过他,在此期间卡哈尔表示,他认为这些细胞是与人类相同的不断奋斗的生命,他将情感寄托于此。

在卡哈尔的"梯形细胞的赫尔德蕚"以及"大脑皮质受创后的疤痕组织"等解剖图中可以看出,他有意识地赋予神经元细胞情感关照。

3) 神经元"肖像画"

2017年8月,纽约大学(NYU)格雷艺术画廊(Grey Art Gallery)的研究员 Kelly Ryser 撰写论文《圣地亚哥·拉蒙-卡哈尔:肖像画家》(*Santiago Ramón y Cajal*:*Portraitist*),她指出可以将卡哈尔的神经解剖图像作为肖像画欣赏,"因为看到它们仿佛是被赋予生命般地拼搏、扭动、挣扎、翻转、膨胀和收缩"①。

卡哈尔的研究对象——神经元细胞,从表面上看是蕴含生命的存在,事实上,当它们成为卡哈尔的研究对象时,已经成为死组织。但是,当卡哈尔描绘它们时,他仍认为这些死物蕴含生命力,他认为这些细胞同人类一样,受到动机、情感和满足感的驱动。所以,他将生命力注入这不能被称为真正生命体的死组织中,也就是说,他在已死亡的细胞中看到活的存在,并试图在他的作品中还原细胞的生命。

一方面,神经元是意识的终极控制机制,与人存在密切联系;另一方面,卡哈尔

---

① 赖瑞·斯旺森、艾瑞克·纽曼、阿尔冯索·阿拉奎等:《大脑之美》,台北采实出版集团,2017,第27页。

认为它们是不断奋斗的生命,也就是说他在描绘它们时就早已将它们看作生命体,一幅描画生命体的作品难道不该被看成是肖像画吗;这些作品的创作方法也与肖像画别无二致,因为它们都着力描绘一个形象,并通过强化其中的某些特征——放大、加深某些细胞与其他细胞的关系吸引观众的注意。总而言之,卡哈尔笔下的神经元细胞可以被当作有意识的生命,而且卡哈尔甚至在某些作品中赋予它们自我意识。

以一幅名为"大脑皮层内的单一锥状神经元"(图2-25)的作品为例:一个锥状神经元在一个简单的背景前茕茕孑立。实际上,在它的周围存在成千上万个与它相似且交叉缠绕的神经元,但是卡哈尔却为它绘制了"一人肖像画"。这个近似轴对称的神经元大胆地向上延伸出一根长长的、较粗的树突,犹如它的躯干,其他的较小、较短、较细的树突如同四肢一般舒展开来。树突是神经元输出中心,树突帮助它接受来自其他神经元的信息,它就这样努力地伸展,与其他神经元进行交流,似乎是一个具有自我意识的主体。

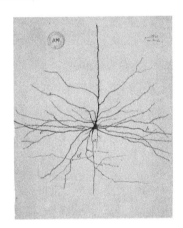

**图2-25　大脑皮层内的单一锥状神经元**
(资料来源:《大脑之美》,第36页)

### 2.2.4　卡哈尔艺术创作与科学认知的"二律背反"

科学认知和艺术创作之间存在二律背反的关系。科学认知与艺术创作各自依据普遍承认的原则建立,同时又在内部具有矛盾、冲突,彼此裹挟着发展。卡哈尔在对后现代艺术抨击的态度、创作实践使用后现代艺术的创作方法之间,存在二律背反的关系。

卡哈尔处在艺术史上新旧交替的时代,伴随超现实主义、表现主义、立体主义等艺术流派的涌现,在艺术认识和创作上呈现"二律背反",他陷入传统与现代在认识方式和表现方法上的矛盾中。他在观念上贬低现代艺术,在创作方式上却在有意无意间透露出受现代艺术的影响。他幼年学画,那时的画坛被学院派主导,晚年时,欧洲大陆上的绘画风格和流派已经不拘泥于学院派这种单一的绘画方式,涌现出以超现实主义、表现主义等为代表的风格迥异的绘画流派。所以,可以在他身上看到传统艺术和现代艺术在认识方式和表现方法上的矛盾。

卡哈尔在艺术表达上是前卫的,但在艺术品味上是保守的。卡哈尔认为他的作品是忠实于科学事实的审美表达,从本质上讲,他认为解剖图是写实绘画,并且曾在《八十岁的我眼中的世界》(*El mundo visto a los ocbenta aoñs*)一书中公开批判现代艺术,称其为"一个矛盾又混乱的学派,竟然还用许多浮夸自负的名号,自诩前卫、立体主义、表现主义、野兽派、后印象主义等"[1],他更痛斥那些批评"盲目模仿大自然……没有能力传达感受和想法"[2]的艺术评论家。

卡哈尔无法接受一个拒绝描绘真实自然的艺术界,无法接受立体主义者撕裂物体的自然形态,继而以主观意识为指导将物体重组。但是,当他运用显微镜,而非肉眼观察微观世界时,他就已经抛弃了传统观察方式,将肉眼可见的世界撕裂开来;当他意图详细说明神经元的具体结构时,如在上文提到的"眼部视网膜细胞解剖图"中,他就开始主观调整细胞间真实存在的关系,将三维的细胞关系二维化呈现在纸面上。

这样的矛盾同样体现在他描绘死组织时,他将已经死亡的细胞看成鲜活且有意识的个体,甚至在"大脑皮层锥状神经元"的组织和安排上(图2-25),传达出有关自我意识的思考。凡此种种,都与塞尚的绘画观念有异曲同工之处。康定斯基说:"塞尚赋予一个茶杯生命,或者说,他从一个茶杯中看到'活的'存在,像画人一

---

[1] 转引自赖瑞·斯旺森、艾瑞克·纽曼、阿尔冯索·阿拉奎等:《大脑之美》,台北采实出版集团,2017,第27页[Santiago Ramón y Cajal, *El mundo visto a los ocbenta aoñs*: *impressiones de un arteriosclerótico* (Madrid: Artistica,1934)]。

[2] 转引自赖瑞·斯旺森、艾瑞克·纽曼、阿尔冯索·阿拉奎等:《大脑之美》,台北采实出版集团,2017,第27页[Santiago Ramón y Cajal, *El mundo visto a los ocbenta aoñs*: *impressiones de un arteriosclerótico* (Madrid: Artistica,1934)]。

样画静物。"卡哈尔则是像画人一样画神经元。他们都试图通过描绘事物的"外在"寻求"内在"。有趣之处在于,卡哈尔运用现代艺术观念绘制解剖图,却坚定地声称现代艺术矛盾而混乱,他已经运用立体主义、后印象派等现代艺术的观察和描绘方法。

## 2.3 国际科技期刊封面图像错视理论研究

在艺术领域中,眼睛观察到的客观物理形象与主观的思维判断产生矛盾的视知觉现象称为错视现象。在当代艺术思潮中,错视理论结合当代审美风尚,符合人们的视知觉需求,为受众带去视觉享受,具有视觉引力与冲击力。

错视理论在科技期刊封面设计的应用,为封面图像带来视觉活力,将三维空间展示在二维平面世界中,使封面图像具有形式美感和奇、异、趣的视觉魅力,吸引受众的目光,提升科学原理的传播效果。"科学期刊封面图像作为科学图像的最高级形态,承载着科学与美学融合的最高水准,具有极高的学术研究价值。在科学期刊封面刊登的科学图像,往往是领域内最前沿的科学调研成果展示,象征行业的最新动态。"[①] 通过对科技期刊封面图像错视原理应用的个案研究,总结科学有效的运用方法,引导错视理论的封面设计思维创新,为错视理论在科技期刊封面图像的应用做出贡献。

19 世纪中期,西方学者对错视形态进行实验研究并形成理论体系。20 世纪60 年代,E. H. 贡布里希在著述《艺术与错觉》中指出,艺术与错觉是图像基于感知觉理论的视觉心理学。美国哈佛大学艺术心理学教授鲁道夫·阿恩海姆在著述《艺术与视知觉》中指出,视觉可以作为积极探索的工具,作为艺术创作的表现形式。

旧石器时代晚期,西班牙阿尔玛加洞岩画《奔驰的马车》中奔腾的骏马前后腿上分别增添四条腿,造成错视现象,以表达众多骏马奔跑的形态(图 2-26)。"科技期刊的封面图像在科学知识传播、期刊形象塑造等方面具有重要意义。"[②] 例如,

---

① 崔之进:《国际科学期刊封面图像学》,东南大学出版社,2019,第 17 页。
② 王国燕:《科学图像传播》,中国科学技术大学出版社,2014,第 75 页。

2020年1月16日出版的期刊 Molecular Cell 封面图像(图2-27)隐喻 $m^6A$ 和 $m^6Am$ 甲基化图谱。刘俊娥教授课题组对人类与小鼠组织中 $m^6A$ 与 $m^6Am$ 甲基化图谱做出系统分析,证明其在脑组织中具有较强的组织特异性。

图2-26 西班牙阿尔玛加洞岩画《奔驰的马车》

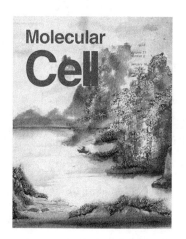

图2-27 2020年1月16日出版的期刊 Molecular Cell 封面

封面图像(图2-27)依据白居易诗作《大林寺桃花》"人间四月芳菲尽,山寺桃花始盛开"进行创作。由于温度、海拔高度等条件不同,桃花开放时间根据山脉的条件变化,山脚下的花朵凋落时,正是山腰桃花花开朵朵之时。桃花的风景代表组织特异的 $m^6A$ 和 $m^6Am$ 修饰的分布规律和调控机制,它们是基因表达调控中重要的转录组标记。从艺术形式看,中国传统山水画也是一种错视现象,王维《山水诀》曰:"远景烟笼,深岩云锁。酒旗则当路高悬,客帆宜遇水低挂。远山须要低排,近树惟宜拔迸。"即在二维的纸质平面上表现三维的山水画面,也是这幅"桃花夭夭"封面图像的隐喻所在。

### 2.3.1 图像中的错视图式

受众追求新鲜的视觉体验,应用错视理论进行科技期刊封面图式创意,既是挑战,也是科技与艺术融合的创作源泉。"艺术也和科学一样,需要逻辑……艺术的

'真实'就是逻辑。"[1]科技期刊封面图像是依据一定的视觉规律产生的图式,这个图式是具有逻辑性的。

1) 同构图式

同构图式通过解构、重构、叠加等方式,将两个及以上图形重新构成新的图形,传达新的图像含义。例如,张志贤设计的著述《国际科学期刊封面图像学》封面(图2-28),以太极图像的阴极与阳极图式象征艺术与科学的融合,产生视觉形象之间的联想力。美国版电影《黄金时代》的海报将钢笔作为主题图形(图2-29),将主角的剪影置换钢笔肌理,立在金色笔尖中,传达电影中冷峻如金的知识分子形象,深化电影的主题。

图2-28 张志贤设计《国际科学期刊封面图像学》封面（东南大学出版社,2019）

图2-29 黄海设计电影海报（《黄金时代》,2014）

2019年10月3日出版的 Cell 期刊封面图像(图2-30)阐释睡眠与记忆巩固和经历遗忘有关。针对这一问题,Kim课题组认为,不同的睡眠振荡对抗,将决定新记忆强化和经历遗忘之间的对抗,并且可调节两者间的平衡状态,以更好回忆或增强遗忘。封面图像应用同构图式展示两只睡着且相拥的老鼠,一只白色,另一只是灰色。图像代表记忆强化和遗忘之间的和谐,同时睡眠振荡形成这两种对抗力量的边界。

---

[1] 沈致隆:《科学与艺术》,华东师范大学出版社,2018,第19页。

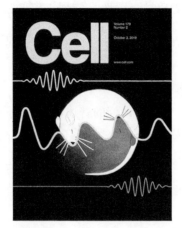

图 2-30　2019 年 10 月 3 日出版的 *Cell* 期刊封面

此封面图像来源于 Hong-Viet V. Ngo, Jan Born 课题组的论文《睡眠与记忆遗忘间的平衡》，慢振荡和 delta 波是标志睡眠的神经元活动节奏，但直到现在，它们各自的功能作用还难以区分。Kim 等人利用对大鼠的闭环光发生方法，分离了这两种典型节律的功能，表明它们分别支持记忆的巩固和遗忘。封面图像运用"太极元素"的同构图式，整体上呈现中心对称的特点，表明不同睡眠振荡对抗，呈现出记忆巩固和遗忘之间的动态平衡。

2）共用图式

"共用图式"是图形之间的相互借用、互为依存，两个或以上图形共用同一部分图形，相互借力形成新图像，传达深层含义。我国明代铜铸"四喜娃娃"作品运用共用图式呈现四个孩童的趣味形象（图 2-31）。

图 2-31　四喜娃娃铜铸像

又如,2016 年 1 月 7 日出版的 *Molecular Cell* 期刊封面图像(图 2-32)以古罗马神话中代表过去与未来的双面神杰纳斯的艺术形象作为共用图式,阐释 Lin28 是一种 RNA 结合蛋白,可调节多种细胞的特性。Zeng 教授课题组将 Lin28A 的生理功能归纳为对 RNA 的调节作用。研究表明,Lin28A 对 DNA 共有序列的高亲和力结合,同时募集 Tet1 用于小鼠胚胎干细胞中基因表达的表观遗传调控,Lin28A 在 RNA 和 DNA 结合中的双重作用,以及其与转录起始位点和募集 Tet1 调节基因表达的结合作用。

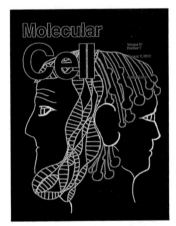

**图 2-32　2016 年 1 月 7 日出版的 *Molecular Cell* 期刊封面**

3) 正负转换图式

图像中的正负图形:当视点集中在"图"时,背景变成"底";当视点集中在"底","底"就变成"图"。将一个物形转换为另一个物形的过程中,出现循环的节奏感,让图像看上去合情合理。荷兰艺术家 M. C. 埃舍尔的艺术作品是经典的正负转换错视图像,他的作品《日与夜》(图 2-33)突破静止的二维画面与符号,充满数学理性的秩序感与不可能空间的悖论性。

**图 2-33　M. C. 埃舍尔《日与夜》(荷兰,木刻,1938)**

又如,2016年6月2日出版的 Cell 期刊封面(图2-34),以 Tewhey 和 Ulirsch 课题组发现高通量、非编码的调节变异,解决人类特性和疾病易感性的原因为著述目的,运用埃舍尔镶嵌的形式,结合表型变异与孟德尔豌豆花的经典例子[当一个显性(红色花朵)与许多类似外观的变异混合时,识别一个负责显性的单一突变(红色花朵)的困难]。"表型"与"变异"两者既对立又统一,"表型"在一定条件下可突变为"变异"。呈现在封面图像上即为,红色的显性基因与白色的隐性基因整齐排布。红色的"显性图案"与白色的"隐性图案"充当各自的"图"和"底",是一对正负转换图式。若以红色的"显性图案"为主要的"图",则白色的"隐性图案"则为"底";若以白色的"隐性图案"为主要的"图",则红色的隐性图案则为"底":两极的视角转换形成内在循环的节奏感,也呈现封面图像平衡与和谐之美。

图2-34　2016年6月2日出版的 Cell 期刊封面

4) 闭合图式

人类的视知觉具有视觉完形能力,经过主观心理获得全新的完整形象,即先看到整体的形象,再看到整体下的各部分组成。黄海设计的《花木兰》电影海报(图2-35)中没有沙场戎装、刀光剑影,仅通过头盔和一抹红唇两个元素组成的闭合图式,概括花木兰的巾帼英雄形象。

图 2-35　黄海设计电影海报(《花木兰》,2009)

2017年5月4日出版的 Cell 期刊封面(图2-36),以 Del Toro 课题组通过缺少 FLRT1 和 FLRT3 黏附分子的小白鼠大脑皮层褶皱的形成,证明神经元前体细胞移动模式的重要性。封面图片以 FLRT KO 大脑皮质深(左)和浅(右)的皮层折叠,并将皮层标记为 Cux1(绿色)、Ctip2(红色)、Foxp2(蓝色),突出神经元通过细胞间黏附的横向弥散是支撑大脑皮层折叠的关键因素。从图像呈现来看,将两个不完整的神经元左右排列,结合主观心理知觉形成对大脑皮层百亿个神经元的整体感知,以大脑皮层神经元为空间整体感知排布在其表层的单个或两个神经元。将图片中两个相邻神经元想象为闭合的、整齐排列于大脑皮层的细胞,使读者形成对大脑皮层褶皱的整体感知,阐明细胞间黏附的横向弥散是形成褶皱的关键因素。

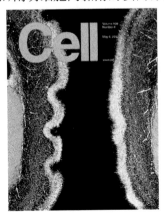

图 2-36　2017年5月4日出版的 Cell 期刊封面

5) 矛盾空间图式

在二维空间中运用三维空间视觉误导,产生具有对立关系的矛盾图式,呈现魔幻立体的三维空间,为封面图像增添视觉表现力。图2-37即运用矛盾空间图式,将图形中间的立方体结构不合理化,产生阶梯表面翻转的错视效果。

**图2-37　矛盾空间图式**

又如,2019年1月24日出版的 *Cell* 期刊封面(图2-38),描述在纤维中折叠核小体的不同方向,揭示核小体的三维空间分布及其在基因组中的方向,类似于鸟类在电线上从前与后、上与下、左与右等不同角度呈现于平面化封面图像,形成三维视幻空间与二维平面的空间对立,产生所谓"视觉游走"的艺术效果。期刊封面以 Ohno 课题组的研究论文《亚核小体基因结构显示出明显的核小体折叠基序》为灵感,作者将核小体解析的 Hi-CO 技术与 SA-MD(simulated annealing-molecular dynamics,模拟分子动力学)模拟相结合,揭示核小体的三维空间分布及其在染色质中的全基因组定位,并运用 Hi-CO 方法揭示酵母基因中不同核小体的折叠基序。这种生物学实验研究呈现在封面图片设计上表现为:鸟类在电线上的三维空间分布及静止的整齐排列,由近及远将立体化图像予以平面化呈现,并形成折叠化的空间视幻心理效果,与核小体折叠基序的空间排列布局相契合,也通过大量的"鸟"图像预示折叠基序的数量庞大和有穷性。看似毫不相关的封面图像和核小体折叠基序,运用和谐对立的矛盾空间关系,实现殊途同归的艺术效果,进一步激发读者探索折叠基序排列的欲望。

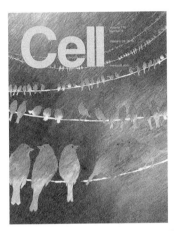

图 2‑38  2019 年 1 月 24 日出版的 *Cell* 期刊封面

6) 色彩错视图式

色彩错视图式使色彩的情绪表达效果丰富。中国黄帝时期选择单色崇拜；黄帝之后的帝王根据"阴阳五行"学说，选择色彩象征功能，并对应黑、赤、青、白、黄色。例如，2010 年 10 月 15 日出版的 *Cell* 期刊封面（图 2‑39）主题是关于染色质的组织和分布对基因表达的调控具有重要意义的研究。针对这一问题，Filion 课题组通过识别五种主要的染色质类型，发现果蝇染色质多样性和区域组织的全局视图。根据希腊单词"chroma"（颜色）的含义，作者将染色质类型分为绿色、蓝色、黑色、黄色和红色（每一种颜色由彩色糖果表示）。封面由 U. Braunschweig、W. Talhout 和 J. G. van Bemmel 设计。

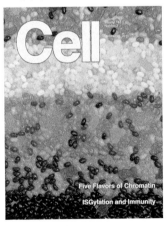

图 2‑39  2010 年 10 月 15 日出版的 *Cell* 期刊封面

封面图像阐释论文《多种颜色的基因组》。染色质由 DNA 和大量相关蛋白组成,Filion 课题组对果蝇中 53 个染色质蛋白的位置进行全基因组分析,揭示染色质调控的重要原理,并对其组织结构提供了多样化的见解。封面图像通过绿、黄、蓝、红、黑五种色系的纵向排布,形成色彩错视图式,同种色系中不同纯度、明度的色彩横向排列,代表不同的基因组,突出染色质的多样性和复杂性。

7) 光渗错觉图式

光渗错觉图式通过点、线、面和色彩的排列,产生图形的错位、重复等特征,使画面呈现波动起伏的律动感(如图 2-40)。

图 2-40　光渗错觉图式

例如,2018 年 6 月 14 日 *Cell* 期刊封面图片(图 2-41),以 Polubriaginof 等人利用电子健康档案(EHRs)在遗传学和疾病的应用研究作为封面故事,封面图像表示各地医院和诊所的医疗记录,对记录进行数字化可用于人类疾病治疗研究,是 Polubriaginof 课题组的研究可能成为纸质病历数字化转换过程的艺术化表现。将纸质版病例建成电子健康档案(EHRs),主动获取广泛的临床相关数据,为研究无法获得的性状遗传可能性提供电子资源,为临床诊断提供科学化依据。封面图像通过点、线、面三者的空间错位与排列,红、白、蓝三种颜色的对比,借助空间垂直、水平、弯曲的三维组合,形成光渗错视图式,营造深邃神秘的数字化感官体验,给读者造成强有力的视觉冲击。

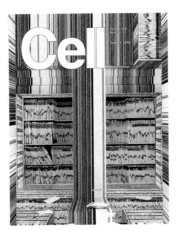

图 2-41　2018 年 6 月 14 日出版的 *Cell* 期刊封面

### 2.3.2　科学图像造型特征

科技期刊封面的错视图像具有一定的艺术造型特征,既展示科学秩序,避免单一乏味,也给封面图像带来崭新的科学表现力。

1) 互动特征

科技期刊封面图像在设计过程中具有互动特征。"科学美是科学理论反映和体现的自然界本身和谐美和理性美的结合。艺术美本身就折射着科学的理性光辉。21 世纪是一个艺术设计的时代,也是科学技术与艺术紧密结合的时代。"[1]依据不同视觉元素的表现手段与形式法则创作科学图像,在科技期刊封面传达科学美与视觉信息,增强受众与图像设计者的双向互动,创造形式不同、和谐又理性的科学秩序感。

2) 悖理特征

科技期刊封面图像具有悖理特征。在逻辑学范畴内,悖理性指互相矛盾与违背的谬论。在科技期刊封面图像的设计过程中,设计者为表现矛盾、不合理的视觉效果,运用不同物象之间矛盾的逻辑关系,释放错视图像的视觉冲击力,拉长审美时长,为受众在阅读科技期刊封面图像时带来回味悠长的视觉感受。

---

[1]　刘瑰洁、昌成亮:《科技与艺术的融合》,《创新科技》2008 年第 2 期。

3）联想特征

科技期刊封面图像中的错视现象创作，具有思维发散，视觉心理主观能动的联想特征。"艺术所描绘的千变万化的世界和饱含的诗情画意丰富了科学家对世界的认识，对想象的运用，对客观规律的掌握；科学借助艺术的灵感、奇想、激情和力量，让'梦想家们'得以'梦想成真'。"[①]受众在阅读、理解科技期刊封面图像的过程中，通过错视图像，联想的而不是单向的视觉信息传达过程，有效提高接收与重构科技图像含义的效率。

### 2.3.3 意义及启发

身处视觉时代，图像具有超越文字的意义。科技期刊封面中的错视图像既具有科学原理、哲学思想，也具有美学价值和社会价值；"科技期刊封面的艺术性应体现为庄重、雅致、朴素、大方、立意深邃。其设计应符合平面构图的基本规律，满足视觉美观的要求"[②]。科技图像既为科技期刊封面图像的创新拓宽道路，也为国内科技期刊封面图像的发展方向带来启发。

1）满足视觉审美机制

科技期刊封面图像如果应用错视理论进行设计与传播，首先要做到满足受众视觉需求的内在审美机制。当受众面对残缺或者复杂的科学图像时，会产生具有简化倾向的"完形压强"心理，力图将不完美变成完美的对称和谐，打破传统视觉习惯，并获得视觉满足感。"目前我国传媒业正在发生重大转型，相当多的媒体在走向市场化。越来越多的媒体倾向于完全以受众兴趣为主导的生存和发展。"[③]因此，科技期刊封面图像应用错视原理进行设计时，应与时俱进，满足受众新型的视觉审美需求。

2）固定个性创意范式

笔者曾请教《东南大学学报》社科版前主编徐子方教授，期刊封面的图像是否可以固定？徐主编认为：鉴于目前国内期刊编辑部的经济状况、美术编辑数量与专业状况，国内期刊封面图像宜于固定，由此适合增强期刊的品牌建立与增强辨

---

① 宋晓蓝：《论艺术与科技的互动》，《学术探索》2003年第9期。
② 王国燕、姚雨婷：《科技期刊封面图像及创作机构的案例研究》，《科技与出版》2014年第10期。
③ 汪彤：《科技新闻的可读性研究》，硕士学位论文，华中科技大学，2012。

识度。

"科学期刊封面图像对于期刊具有重要意义,因而在封面设计中所运用的视觉语言至关重要。期刊封面不但能够在物理层面保护期刊不受外界损害,而且可以体现科学期刊的专业素养与权威地位。"①在固定的封面图像框架中,设计每一期封面时,先选定一篇"封面论文",然后根据论文的主题,对封面图像进行创意是一个方法。10年前,如果科技期刊封面出现"一期一面孔"的现象,可能被诟病为"不稳重"。然而,随着当代科技与艺术的发展,封面图像的主色与主题在设计中根据自身刊物的特点,相对固定封面的图式(例如国际权威科技期刊 Cell 的每一期封面,都固定运用同一字体突出刊物的名称,封面图像根据"亮点论文"的主题而改变),使受众每次看见期刊名称就知道阅读的是哪本刊物,同时对当期的封面图像又具有探索欲。这就是一个成功的科技期刊封面的个性,让读者见封面如见期刊,与时俱进,符合现代人的个性化审美追求。目前国内科技期刊编辑部,能够突出表现科学特色的较少,可多借鉴国外做得好的科技期刊的经验。

3) 增强审美传播效应

在信息化时代,科技期刊的美术编辑应与受众进行人性化互动,才能有效增强科学美的传播效力。错视理论可启发美术编辑的创新思维,超越国界与语言,表达编辑的情感,引起世界各国受众的多元情感共鸣与心理诉求。

"具有艺术张力的科学图像,有利于使受众对科学信息产生兴趣,从而进行获取,如此可以更有效地传播前沿科学成果。"②错视理论具有多元结构空间、多学科交叉的特征。传统的国内科技期刊封面图像多数在二维空间中创作。错视理论指导我国科技期刊封面图像的创作,逐渐从二维、三维走向多元化的结构空间,增强科技图像的艺术传播力。

错视理论在科技期刊封面图像上的应用,是在科学思维指导下的创新,不是单纯的艺术审美活动。科技期刊封面图像设计须在准确传达科学内容的基础上,提高图像的艺术性与传播力。

---

① 崔之进:《国际科学期刊封面图像学》,东南大学出版社,2019,第13页。
② 崔之进:《国际科学期刊封面图像学》,东南大学出版社,2019,第10页。

## 2.4 抽象艺术理论思想研究

康定斯基的抽象艺术理论于20世纪初具雏形。时值西方欧洲艺术的大变革时期,康定斯基通过自己独特的抽象美学理论思想及相关实践创作完成了传统艺术通向现代艺术最为根本的"艺术革命"[①],推动了欧洲以及世界范围"艺术的进程"[②]。

19世纪末,康定斯基前往慕尼黑学习绘画艺术,受到当时欧洲前卫艺术运动影响。由于第二次工业革命引发的科技革命与动荡时局,欧洲文艺界普遍出现异己与反叛的倾向。过去欧洲艺术家对于自由与理性的提倡与向往,分崩瓦解,取而代之的是对现实的厌恶与逃避。加之,国际视野开阔后,大量外来思想体系融入,社会形成倾颓唯心、神秘主义的风气;主流文艺思想聚焦点由客观物质存在再次转向了研究人本身,从探索理性转向研究自然情感。

伴随20世纪人类对自身主观能动性认知的觉醒,艺术家作为艺术活动承担者的"主体性"意识觉醒。康定斯基的抽象艺术创作,同样基于其创立的抽象艺术理论体系。艺术家强调内在情感的抒发和精神本质的表达,具体的艺术形式与艺术要素变得不复重要。而以非具象(non-figuration)、非对象(non-objection)、非再现(non-representation)方式再现的抽象艺术形象,则体现其深刻的抽象思想内涵。

### 2.4.1 抽象艺术理论缘起

康定斯基的抽象艺术理论,是对当时风靡欧洲的"理性主义"的传承。理性主义的逻辑,贯穿西方艺术观念发展的始终,这一点在具象抑或非具象的画面形式中均有所体现。

古希腊学者毕达哥拉斯主张"数本原说",将非具象的数理规律看作是世界的本质。毕达哥拉斯的美学思想也坚持这一立场,他主张"美是和谐",而和谐则在于整体与部分之间的一定的比例关系。因此,他用数理规律作为艺术创作中结构、比

---

① 顾森:《现代艺术鉴赏辞典》,学苑出版社,1989,第60页。
② [美]尼古拉斯·福克斯·韦伯:《包豪斯团队:六位现代主义大师》,郑炘译,机械工业出版社,2013,第195页。

例、音乐节奏等要素排布的标准。譬如,符合黄金分割律的米洛斯的阿芙洛蒂忒。这种重视比例、结构的理性主义艺术观念,进一步催生文艺复兴时期解剖学、透视学的产生,艺术家力图在二维纸面上再现三维真实,以期达到写实目的。

与此相反,西方现代抽象艺术并不试图在绘纸上"再现现实",它只从客观现实中抽取精神意义,取而代之使用平面几何图形以及各种不规则图形的组合表现出画面主体对象"不可视"①之感。从最终呈现的结果来看,写实艺术与抽象艺术相距甚远,但同属理性主义的范畴,并且都是艺术家对物质世界有感而发,进行的主观表达与创作,只是在不同的审美标准与审美理念下,呈现出不同的艺术风格与表现形式。

1) 艺术形式先验论的传承

任何艺术风格与表现技法都会随着时代进步产生不同变化,而"形式"这一范畴对文艺理论家而言,却是亘古"不变的实在"②。自古希腊柏拉图(Plato)提出"美是理式"以后,客观唯心论便在美学领域大放异彩。柏拉图提出在客观世界之上存在"理式世界",它超越时间与空间限制,相较之下客观世界只是对理式世界的摹本。每个人"与生俱来"③具备对于"理式世界"的认知,只是需要通过后天学习以激活。

"理式"概念在柏拉图美学体系中先于经验存在,与唯物主义背道而驰,是万事万物的本源。柏拉图对于永恒"形式"元素的注重,被后世美学家继承,在不同的美学体系中以不同的命名方式传承,艺术形式先验论得以提出并经过多代理论家补充完善。

康定斯基曾在《论艺术的精神》中表现出与黑格尔(Georg Wilhelm Friedrich Hegel)美学中的"时代精神""绝对精神"相似的观点。"绝对精神"是黑格尔美学的核心思想,是对柏拉图形式先验论与客观唯心主义的一脉传承;而其"时代精神"则指历史在演化中的不同阶段的社会矛盾的体现。康定斯基认为,优秀的"形式"往往不会因为违背科学定律而丧失其内在精神的含义。他在《论艺术的精神》中提出:每个时期有其特定的艺术作品,复活过去的艺术作品是毫无意义的。为何过去

---

① Michel Henry, *Seeing the Invisible on Kandinsky*, trans. Scott Davidson(Cromwell Press Ltd., 2009).
② [英]贡布里希:《艺术的故事》,范景中译,生活·读书·新知三联书店,1999,第581页。
③ 柏拉图:《柏拉图全集(第一卷)》,王晓朝译,人民出版社,2002,第77页。

的艺术作品却能历久弥新,仍然引起人们的共鸣呢?因为"一种两个时代之间的'内在情调'的类似"使得"那些在过去曾被用来表达人们当时各类见解的形式"①复活,真正的艺术家在作品中追求对内在情感的表达。康定斯基认为"形式是由精神创造出来"②的产物,评判艺术作品好坏的标准就在于作品的"形式"是否足够优秀,如果作品的"形式"不够好,则证明它难以承载唤起"灵魂共鸣"③的精神内涵。

康定斯基对于形式的强调,同样与康德(Immanuel Kant)和戚美尔曼(Georg Simmel)的美学观念不谋而合。康德仅从认识论角度出发,提出美应当由"合目的性"④性质的形式产生。他从"形式""质料""动力""目的"四个角度论证美,具备纯粹性与先验性等特征,把"纯粹形式"看作使事物达成"美"的境界所必须具备的特质,而形式与先验之间又存在着千丝万缕的联系,形式的审美特质能够实现创作主体极大程度上的精神自由;戚美尔曼则在康德基础上进一步指出"作品是人的内在精神结构的再现",作品的完整整体大于割裂部分之和。

康定斯基通过格式塔美学(Gestalt)解决了长久以来艺术与现实之间错综复杂的关联问题,提出艺术应当是同时区别于客观属性与主观属性、非心非物的独立存在,既不可孤立,也不可割裂局部,艺术的重要性应当在于展示所采用的形式而非所展出的内容;将这些理论推到登峰造极地步的仍属黑格尔,他将"绝对精神"置于美学体系最高地位,"绝对精神"在人类社会活动中不断确立自身,融合各种"时代精神"与特征,最终又回归到自身,不断充实与完善其精神,但是形式(即绝对精神)本身性质并不会改变。与其相似,康定斯基沿用黑格尔美学中提出的"精神"⑤(即内在情感)一词,认为"精神"作为世界本原,也是超越时空的、无处不在的。因此,他的艺术必然摆脱物质世界的限制,试图利用"形式与色彩的象征语言"⑥表达物质内在共性的"形式"范畴。康定斯基的"内在情感"概念,或者说"内在需要"⑦(Inner Need)概念,不仅承继自黑格尔,还与他对于东西方原始文明、通感理论、通神

---

① [俄]康定斯基:《论艺术的精神》,查立译,中国社会科学出版社,1987,第11页。
② [俄]康定斯基:《康定斯基艺术全集》,李正子译,金城出版社,2012,第18页。
③ Wassily Kandinsky, *Concerning the Spiritualin Art* (New York: Dover Publications, 2000), p. 109.
④ 康德:《判断力批判》,宗白华译,商务印书馆,1964,第74页。
⑤ [俄]康定斯基:《论艺术的精神》,查立译,中国社会科学出版社,1987,第74页。
⑥ [澳]罗伯特·修斯:《新艺术的震撼》,刘萍君译,上海人民美术出版社,1989,第267页。
⑦ Wassily Kandinsky, *Concerning the Spiritualin Art* (New York: Dover Publications, 2000), p. 77.

学等具有神秘主义色彩的前卫艺术研究具有紧密的联系,进而形成完整的康定斯基艺术理论体系。

康定斯基将抽象的精神看作世界的本源,而艺术恰恰是表现精神的形式,故此,艺术家在康定斯基美学体系中的地位是至高无上的。马尔克也曾宣称过:青骑士社的建立初衷,是为创作出代表时代的艺术品,并且以此祭祀给未来时代的精神宗教。对此,康定斯基也曾将"伟大的抽象艺术"①比作是通向"伟大的精神时代"的主要途径之一。

在康定斯基美学体系中,对于艺术先验形式的探讨从未停止,他在黑格尔美学体系的基础上提出更完整、更能体现时代性的客观精神体系,以此为依据,构建抽象艺术理论体系,并将之应用于创作实践的引导工作。

2) 神秘主义(Occultism)风潮

除却对前人思想理论的汲取,康定斯基的抽象艺术理论形成还与当时的社会风气有关。20世纪初,知识分子对现实的失望与逃避影响社会格局,使得社会风气倾向于倾颓,传统的理性主义学说几近坍塌。起初他们向宗教寻求精神慰藉,而宗教对其的压榨利用最终使人们望而却步。与此同时,一战引发的国际交流促进了神秘主义的出现,于这些知识分子而言是一种全新的情感宣泄渠道,某种程度上安抚了他们的消极情绪。这种风行一时的神秘主义思潮即"通神学"(Theosophy),是一种具备神秘主义倾向的宗教哲学,由波拉娃茨基夫人(Madam Blavatsky)提出,以印度宗教中的轮回(Reincarnation)理念为主要载体,融汇以西藏老师传授的神秘学理论。

神秘主义学说将精神世界立于现实世界之上,并将艺术看作是通向精神世界的捷径。通神学认为,人类所处的物质世界不是唯一存在的世界,同样也不是真实存在的世界。人的身体与灵魂二分,灵魂会在身体死后进入真实的精神世界,在那里人类将会得到永世长存。因此,灵魂能够超越时空限制,沟通神灵,甚至成为神灵的一部分。除却死亡可以通向精神世界之外,通神学还提出了另一条道路——艺术,在画面中得到审美愉悦与官能共鸣是现世人类通向精神世界的捷径。其主张在同时期象征主义、表现主义的艺术作品中也有所体现。

---

① [俄]康定斯基:《论艺术的精神》,查立译,中国社会科学出版社,1987,第81页。

当时的通神学代表人物鲁道夫·斯泰纳(Rudolf Steiner)对康定斯基影响深刻。鲁道夫的贤人学说源于史前神话,他认为在亚特兰提斯时期,人类生活由先知指引,先知通过天启等神秘方式向神明告知他们领悟的奥义。大洪水灾难后,他们的后代迁居东亚继续修炼,以期超脱物质世界进入精神领域。贤人学的任务就在于重新发现先知向神明沟通的渠道,以及超脱物质世界的方法。方法之一是用宗教教义来解释生死之事。这种方法将死后的世界解释为真正的世界,人的肉体死去后,灵魂便能超脱飞升至天国见到复活的基督。而尚生存在现实世界的清醒的意识是没有办法领悟到这个精神世界的。另一种方法是通过艺术指引人进入精神世界,这对于现实中的生命而言是最简洁的方式。斯泰纳曾在《神智学》一书中指出"物质真实"掩盖着"爱西斯的面纱"①,唯有揭开它才得以管窥精神领域。康定斯基正是这种学说的忠实追随者。

康定斯基作为德国表现主义的继承者,自然不可避免地受到神秘主义的影响。他所创建的表现主义社团"青骑士"便是这种思想下的产物,他发表在《青骑士年鉴》中的文章及《论艺术的精神》文中多次对通神学理论表示赞同,声称通神学的流行在当时可被称作是一场精神革命,"对改变整个气氛有着强大的作用","预兆着对受压抑的灵魂和忧郁的心灵的拯救"②。正如神秘主义所宣扬的,他坚信绘画的色彩与形式具备引发人类灵魂共鸣的力量,具有真实的精神内涵,使人得以认知自身在"宇宙中所处的地位"③,揭示"宇宙性的规律"④,能引领人类前往终极的"精神世界",尽管当下人们仍不自知,但最终会被众人接纳。故此,色彩与形式的表达也成为康定斯基抽象美学理论的核心观念。尽管这一偏激的神秘学说后来受到唯物学说质疑,但是毫无疑问在当时引起了关于艺术"精神性"与"主观性"的反思与顶礼膜拜。康定斯基在1909至1914年的六年间创作了1至35号"Improvisations"作品,这是康定斯基创作生涯中数量最多同时也是题材跨度最广的创作系列,成为康定斯基的艺术创作走向抽象阶段的标志。其中两个兄弟在战争中丧生的题材在"Improvisations"系列中被反复提及(尤其在"Improvisation 2"和"Improvisation

---

① 李惟妙:《康定斯基》,中国人民大学出版社,2004,第36页。
② [俄]康定斯基:《论艺术的精神》,查立译,中国社会科学出版社,1987,第24-25页。
③ [德]鲁道夫·阿恩海姆:《艺术与视知觉》,滕守尧译,光明日报出版社,1987,第229页。
④ [德]瓦尔特·赫斯:《欧洲现代画派画论选》,宗白华译,人民美术出版社,1980,第131页。

18"中),多围绕诺亚大洪水(The Flood)以及最终审判(The Last Judgment)主题展开。在其中多数画面里,斑斓的色彩、扭曲的线条作为构成元素,在即兴发挥的条件下,服务于任意产生的画面主旨与感受体验,寻求如何在艺术题材与表现技法的激烈冲突中达到动态平衡。

"尽管这类文学艺术作品也会逐渐变得暗淡无光,但是它们毕竟已经开始脱离今天这种没有灵魂的现实生活,而朝向那些给'非物质'的灵魂带来自由天地的力量和理想。"①在康定斯基看来,艺术将是科学与道德动摇之后,人们重回"完全自由"②的精神世界的必然路径,而抽象艺术则会是诠释"伟大精神"的不二之选。

3) 螺旋上升论规律

康定斯基和每一个现代主义艺术家一样,同样乐观坚信"螺旋上升论"这一历史规律。这一点在康定斯基所构建的"内在需求"理论中的第二及第三点即可看出,他要求艺术家展示所处时代的风格并积极描述社会发展。自达尔文出版《物种起源》提出"进化论"后,斯宾塞在社会历史方面同样提出了"进步论"(Progressisme)观点,认为历史一定是在进步的;在马克思辩证哲学中这一观点被进一步补充为"历史螺旋上升论",历史在发展过程中存在一定起伏,但总体而言一定是上升的。康定斯基则认为艺术也和社会历史呈现同样的发展趋势,尽管中途存在曲折,艺术家需要扮演推动历史运作的"齿轮",但是艺术在总体趋势上一定呈现螺旋上升态势。

康定斯基在艺术观念方面称得上走在时代前沿,尽管其理念高于形式这一特点始终被人诟病,但是他对于艺术以及艺术家的发展抱有极高期望,虽然在康定斯基早期的抽象主义绘画作品中很难寻找到他所追求的绘画的"主体性"与"精神性"特征。如果依据康定斯基所言,我们将绘画中的色块与线条更多看作精神符号而非传统意义"图像志"(Iconography)所讲的符号,那么康定斯基希望通过这种色块与线条的形式表现出来的精神内涵,平心而论难以被受众接受。在观赏康定斯基抽象艺术作品的过程中,仅仅是被告知作品具有丰富的精神底蕴而不做任何附加阐释,对于多数观者而言,依旧无法理解康定斯基所使用的绘画元素真正代表了什

---

① [俄]康定斯基:《论艺术的精神》,查立译,中国社会科学出版社,1987,第25页。
② Jelena Hahl-Koch, *Kandinsky* (New York: Rizzoli Publications,1993), p.353.

么,受众被完全阻隔在康定斯基的精神乌托邦之外。这也是为何当时抽象艺术无法被大众接受的主要原因。在反对者的眼中,康定斯基正如他自己所厌恶的一样,成了单纯的形式主义者。

康定斯基曾在《论艺术的精神》中提及,艺术家走在时代前沿宣扬前卫理念必然曲高和寡。艺术家不能沉溺于安乐生活,需要为了展示绘画的精神而跨越物理条件的重重困难,即便艺术家能够获得精神自由以及"灵魂的热情"①,在物质方面显然不能达到同样境地。犹如站在"金字塔"②顶端而无人可及,作为"先觉者"③唯有忍受当时的非难,历经时代推移,才能够博得大众理解。尽管时下针对他过度宣扬"主观化"以及再现自然"十分多余"④理念的相关批判仍然层出不穷,但是康定斯基当时超前的审美眼光已经被当代多数人所接受,人们愿意挖掘康定斯基和他的抽象艺术、抽象美学所蕴藏的深厚精神内涵,对于康定斯基的抽象艺术研究理解程度已经今非昔比。

抽象主义艺术可被称为以康定斯基为首、抱持着历史螺旋上升论的20世纪现代主义艺术家在艺术形式表现的具体出路的代表性创举之一。在"精神三角形"⑤的比喻当中,康定斯基也谈及了他对于时代进步的一些理解。其中,代表精神生活的整个三角形是缓慢上升的,其中起到重要推进作用的是具有极强的洞察力的艺术家们。黑格尔认为哲学是"绝对精神"的代言,将哲学放在最高的地位;而康定斯基则在其基础上着重突出了艺术家的地位,他们不仅能够感受当下最高的时代精神,还能超出当下的局限,预言新时代的精神活动。他与挚友马尔克对21世纪的世界景象抱有极高期望,认为彼时的世界将会是人类的"天堂"⑥,从中可见他对于历史发展前景的信心。

---

① 朱伯雄:《世界美术名作鉴赏辞典》,浙江文艺出版社,1997,第734页。
② Wassily Kandinsky, *Concerning the Spiritualin Art* (New York: Dover Publications, 2000), p. 54.
③ Wassily Kandinsky, *Concerning the Spiritualin Art* (New York: Dover Publications, 2000), pp. 110 - 113.
④ 修・昂纳、约翰・弗莱明:《世界艺术史》,北京美术摄影出版社,2013,第573页。
⑤ Wassily Kandinsky, *Concerning the Spiritualin Art* (New York: Dover Publications, 2000), p. 9.
⑥ Wassily Kandinsky, *Concerning the Spiritualin Art* (New York: Dover Publications, 2000), p. 55.

## 2.4.2 抽象艺术理论模型

1) 身心二元论模型

康定斯基秉持"身心二元论"的立场,为人们"观看和理解"世界提供了不同角度的"新方式"①。他认为物质与精神世界割裂存在,物质存在应服从于精神存在,"精神"才是世界的本质。他沿用了黑格尔的哲学逻辑,坚守客观精神体系。物质世界遮蔽了事物本质的真实意义,而真正的艺术家则能够透过物质世界表象,进而洞察真实的世界。在《论艺术的精神》中,康定斯基说道:"经历了一段几乎被物质主义的诱惑所征服了的时代,灵魂终究摆脱了物质而渐渐复苏过来,由于经受了斗争和痛苦,它变得更纯洁了。""艺术家将努力唤起迄今尚未发现的种种更纯洁高尚的感情。"这种"高尚的感情"正是未来艺术孕育的"精神",是人类精神生活的运动与表征。

康定斯基对于"身心二元论"模型的提倡受到了同时期抽象艺术奠基人沃林格(Wihelm Worringer)的影响。沃林格在《抽象与移情》中曾指出,"直觉的衰退"正是源于对客观世界物质表象的满足。沃林格极力提倡抽象冲动,认为抽象冲动区别于物质世界的客观物象,他将艺术归根于人类精神活动之诉求;同时,他对于异质文化的推崇使得非洲艺术与东方文化中非现实的、神秘的学说再次风靡,再次使欧洲文艺界关注聚焦于人的"精神性"。

在康定斯基所建立起的抽象主义艺术理论体系中,根据作品主旨可以将其分为两类,分别是表现客观物质与表现主观精神的艺术作品。这两种作品中,一种是通过使观者得到视知觉的刺激而获得精神愉悦,另一种是通过引起受众内心共鸣而获得审美享受。在康定斯基看来,艺术的终极目的不是阐释对象的客观实体,而更应关注其内涵与灵魂。过往的写实艺术就建立在物质的表现形式上,相对而言,抽象艺术则是建立在精神的表现形式之上。他在《论艺术的精神》中将艺术比作一个三角形,写实艺术与自然艺术是三角形的底端两点,为描摹物质世界客观物象而存在;而三角形的顶端则是抽象艺术,它比写实艺术更具复杂性、多义性,同时又拥有写实艺术所不具备的阐释客观物象"精神"的能力,必然会被后人理解接纳,成为

---

① [美]H. G. 布洛克:《现代艺术哲学》,滕守尧译,四川人民出版社,2001,第144页。

"未来艺术的精神领袖"。即使是在他为数不多的几何题材 Composition IX 中,康定斯基运用了两个全等三角形各自以颠倒的形态放置,将画面截为三段,而新构成的中间部分又等分成为四个同样的平行四边形并填涂以不同色彩。可见康定斯基希望在这幅画作中尝试以数学模式为依据构建一种全新色彩基础。在这个规则死板但色彩缤纷的巨大几何图案背景板上面,康定斯基试图通过排列小且自由的各种规则与不规则形体,在构成画面的各个元素的激烈冲突之间寻求相对平衡的精神表达。

在康定斯基抽象主义美学观念中,人类世界的活动同样可以被分为物质与精神两类,而艺术则属于其中的精神一类。人的内在精神世界无法被物质材料直接表达,因而需要其他媒介才可以实现转述。在此前提条件下,艺术与艺术家便承担了展现人类精神世界的重任。康定斯基用"三角形"[①]来表示人类世界的精神生活,用水平线的划分来展示精神生活的不同层次。每一层精神生活都有各自的艺术家,他的视线若能超出本层的精神生活的局限,他就成了这一层的圣人与先知。"整个三角形缓慢地、几乎不为人们觉察地向前和向上运动","而三角形的顶端上经常站立着一个人","他欢快的眼光是他内心忧伤的标记","甚至那些在感情上和他最接近的人也不能理解他"[②]。精神生活层次越低的人对于艺术的理解更倾向于物质层面上的满足,例如要求技法的纯熟以达到完全复刻对象的目的等。由于精神在这质的竞争中变为不可视化,他们甚至还会对处于三角形上层的艺术家大加抨击,使得精神世界更加式微。

"精神"在康定斯基的理论当中占据极高地位,被称为一种"最强大的要素"[③]。"我们找到了超脱于非本质的、普遍存在的和唯一纯粹的艺术标准和原则,即:内在需要的原则。"[④]这种"内在需要"[⑤]也同样是他对于"精神"的理解之一。他认为艺术的创作不应该止于对物质自然的单纯再现,而必须表现出创作者的精神活动,展现精神的价值。艺术最激动人心的地方在于"潜意识的部分产物"[⑥],而非"高超技

---

① Wassily Kandinsky, *Concerning the Spiritualin Art* (New York: Dover Publications, 2000), p. 34.
② Wassily Kandinsky, *Concerning the Spiritualin Art* (New York: Dover Publications, 2000), pp. 34 - 35.
③ [俄]康定斯基:《康定斯基艺术全集》,李正子译,金城出版社,2012,第 52 页。
④ [俄]康定斯基:《论艺术的精神》,查立译,中国社会科学出版社,1987,第 42 页。
⑤ Wassily Kandinsky, *Concerning the Spiritualin Art* (New York: Dover Publications, 2000), p. 43.
⑥ 张珩:《弗洛伊德传》,新世界出版社,2016,第 97 页。

艺",抑或"理性思维"。抽象艺术对于康定斯基而言就是符合内在需要的原则的技法。这种由再现自然转向抽象现实的"图像转换",使绘画还原为二维的平面艺术,通过将物质对象符号化、秩序化表征精神内涵。康定斯基借自己的抽象绘画艺术理论,主张一件艺术作品的审美价值并不取决于它是否复刻了现实,并不急需在当下时代得到众多拥趸,伟大艺术品的历史地位总是需要经过长期沉淀才得以确立。

2) 通感现象及综合艺术(SynthetischeKunst)模型

"通感"(Synaesthesia)现象是在描述客观物象时,使用人体不同官能之间的互动性与互通性,将特定的感官感受诉诸其他感官,由此而产生的全新体验。同时期法国象征主义诗人夏尔·波德莱尔就在其作品《恶之花》(*Les Fleurs Du Mal*)中"应和"(*Correspondances*)一篇中开创性地指出"芳香、颜色和声音在互相应和"[1]。在他看来,"世界是一个复杂而不可分割的整体"[2],而表现"客观世界的真实性"则是小说的目的,诗歌"最伟大的目标"是展示人们"纯粹的愿景",他指出在客观世界之上仍存有本原的精神世界,而这正是诗人存在的理由及后人追求的终极目标。他在该诗中构建完整的感官互通理论,感官享受将会传递介质刺激大脑皮质层,从而生发出精神愉悦。

"通感"现象在19世纪中期欧洲文艺界引起轩然大波,进而促使康定斯基在艺术方面开始探索音乐与绘画形式之间的互通性。在这之前,大众普遍认为不同的艺术形式由于使用不同的表现因素、联系着人体不同的感官而无法逾越过形式的鸿沟,而"通感"现象的存在使其成为可能,进而让艺术形式之间得以交融。"不同艺术所使用的媒介,表面上完全不同,有声音、色彩、字……但最最内在,这些媒介完全一样:最终目标消除了它们外在的差异,并显露内在的同一性。"[3]艺术究其本质是为了表达人类的情感与精神,因而所有艺术形式最终达成统一。

在通感理论基础之上,康定斯基提出了一种"未来艺术"[4]也即"综合艺术"[5](Synthatische Kunst)的艺术理论模型。在这种艺术之中,各种艺术手段能够任意

---

[1] [法]波德莱尔:《恶之花》,郭宏安译,广西师范大学出版社,2002,第100页。
[2] [法]波德莱尔:《恶之花》,郭宏安译,广西师范大学出版社,2002,第99页。
[3] [俄]康定斯基:《艺术与艺术家论》,吴玛俐译,重庆大学出版社,2011,第28页。
[4] Wassily Kandinsky, *Concerning the SpiritualinArt* (New York: Dover Publications, 2000), p. 85.
[5] [日]中川作一:《视觉艺术的社会心理学》,贾晓梅、赵秀侠译,上海人民美术出版社,1996,第257页。

联合。如果用不同的艺术手段表现同一种情感,则附着于此情感的艺术特点将无比丰富,远胜于任何单一的艺术手段可为。这种联合不同的艺术手段表达情感的艺术即"综合艺术",它因融会多种艺术手段与艺术元素而具有无限的表现张力。"综合艺术"通过各种因素的有机结合达成形式上的和谐与精神上的一致,通过康定斯基唯一公开上映的舞台剧《黄色声音》便可管中窥豹。在《黄色声音》中没有固定的剧本流程以及演员表演,在毫无规律可循的即兴演出与舞台音乐背后,康定斯基希望通过达成受众视听感官上的和谐感使其获得审美愉悦。

后浪漫主义作曲家瓦格纳(Wilhelm Richard Wagner)提出"整体艺术"(Gesa-mtkunstwerk)理论以改革传统歌剧,而康定斯基的"综合艺术"想法显然来源于此。瓦格纳希望整体艺术能够使一切艺术体裁之间的界限消弭,通过舞蹈、乐曲、文学、雕塑等种种艺术手段的有机融合从而完整直接地表现人性,而这种整体艺术必能代表未来人类的整体意志。瓦格纳的理论显然对康定斯基的"综合艺术"理论形成有相当的影响。不同的是,康定斯基将"整体艺术"理论发挥在抽象艺术之上,主张所有的艺术体裁要通过抽象艺术的手法表现内在的情感与精神,这也是他对于瓦格纳的理论在新的时代背景和审美观念下的全新诠释。

康定斯基的绘画被称为"视觉音乐""音乐手段作画"①,因为他试图将音乐带给人的体验用绘画的方式体现出来。他曾不止一次指出音乐才是艺术的最佳表现形式,绘画也应学习音乐非具象性、韵律性的表达,他曾声称色彩应当"芳香四溢"②。在他看来,"音乐与绘画之间有着构成元素方面的相似性"③,因而在它们之间存在某种程度上的互通性,"精神"就像"钢琴",而"画家"宛如在人们精神上弹奏的"手。"④另外在自己的抽象绘画理论中,康定斯基同样运用了音乐上的联觉来阐释自己对于色彩的看法。甚至说康定斯基将自己的抽象艺术研究基础建立在"通感"与"综合艺术"模型也不为过。

3) 内在驱力(Inner Necessity)与内在需要原则(Innernessiry Principle)

康定斯基将真实世界分为内在与外在、物质与非物质两部分,艺术活动则是为

---

① [英]哈德罗·奥斯本:《20世纪艺术中的抽象与技巧》,阎嘉、黄欢译,四川美术出版社,1988,第139页。
② [俄]康定斯基:《康定斯基论点线面》,李政文、魏大海译,中国人民大学出版社,2003,第4页。
③ Wassily Kandinsky, *Concerning the Spiritualin Art* (New York: Dover Publications, 2000), p. 53.
④ Wassily Kandinsky, *Concerning the Spiritualin Art* (New York: DoverPublications, 2000), p. 70.

了寻求将这两部分融会贯通，呈现出完整真实的世界。为了达到这个目的，康定斯基提出了"内在驱力"(Inner Necessity)以及"内在需要原则"(Innernessiry Principle)。他希望艺术作品不仅能向受众展现物质世界的具象实体，同样能够使观者掌握其精神内涵。绘画不应局限于画面风格及表现形式。"在绘画中没有必然可言，有的只是完全自由。"[1]康定斯基出于对绘画纯粹性表达的追求，提出了"内在驱力"这一全新艺术理念，以期寻求"生命节奏的核心"[2]，夯实了现代艺术的理论基础。

在康定斯基看来，人们所能感受到的客观世界交织着三种成分：色彩、形式、质料，而艺术家的职责则是充分运用三种成分表现自己的艺术目的。这种目的需要与人类的心灵产生共鸣，因此在进行对象选择时需要从内在需要原则出发，即要彰显人类精神，这是康定斯抽象美学理论的中心。从内在需要出发呈现出的艺术作品才具有生命与精神内涵。内在需要原则不仅体现在对形式的选择上，各种形式的比重与结合、几何形状的延续与独立、色彩的提取与排除等等，都需要在内在需要原则的基础上进行考虑。"这位永不迷途的向导——内在需要的原则——将会把艺术引导到伟大的高度上去。"[3]

"内在需要原则"主要是艺术家"三种需求"[4]的总称：首先是个性的要求，每位艺术家都有自己在创作中想要表达的东西；其次，是风格的要求，艺术家总是要表达其所处的时代的精神；第三是艺术的要求，艺术总是要求不断向前发展，艺术家需要为保持艺术在所有时代与民族间的普遍存在做出贡献。"个性"与"风格"随着岁月的推移总是常谈常新的，而艺术的需求则在其间彰显出了更重要的地位。当如今的人们回望千年前的壁画、建筑、雕刻等艺术作品的时候，他们所能感受到的触动势必与当年的观赏者们大为不同。因此，康定斯基最为推崇的便是内在需要原则的第三点要求，它不仅是艺术作品地位的代表，还是艺术本身的辉煌与不朽的象征。但需要注意的是，没有个性与风格，艺术的发展是没有立足之地的。三种需

---

[1] Wassily Kandinsky, *Concerning the Spiritualin Art* (New York: Dover Publications, 2000), p.76.
[2] 宗白华：《美学散步：彩图本》，上海人民出版社，2015，第204页。
[3] [俄]康定斯基：《论艺术的精神》，查立译，中国社会科学出版社，1987，第43页。
[4] Jerome Ashmore, "Sound in Kandinsky's Painting," *The Journal of Aesthetics and Art Criticism* 35, No.3, 1977: 329-336.

求的有机交织与结合构成了他的"内在需要原则",进一步促进了其抽象绘画理论的形成。

### 2.4.3 艺术理论价值

1) 康定斯基抽象艺术理论的影响

艺术从发生开始便不是孤立的。由于同属于艺术门类下,不同种类的艺术形式之间既存着共通性。随着时代发展和大众意识的觉醒,不同艺术形式之间必然产生互动。在达盖尔影印技术出现后,公众认为架上绘画前景不甚理想,自19世纪末开始艺术家们开始探索架上绘画的出路。尽管德拉克洛瓦等艺术家始终对摄影与艺术之间抱有期望,但是具象绘画的影响确实被逐渐削弱。在这个时期,康定斯基找到了架上绘画的另一条出路,也即抽象艺术。康定斯基通过建立起完整的抽象艺术理论体系,为架上绘画提供指引功能,进而影响20世纪西方现代艺术的发展趋势。

其一,康定斯基抽象美学研究对后世艺术实践造成深远影响。由于不同时期从事的相关艺术创作不同,康定斯基抽象美学体系在架上绘画、平面设计等方面都产生了重大影响。自康定斯基以后,架上绘画的画面主题不再局限于具体物象,在艺术设计领域,人们也开始关注最基础的线条、色彩对于平面构成主题的彰显。西方现代艺术找到了适合时代语境的明确出路。对于创作实践的影响归根结底是对艺术家的艺术观念以及创作思维产生了影响,最终还是源于抽象艺术理论体系。

康定斯基是极少数理论与实践并长的艺术家,对于艺术理论与创作实践有独到见解,并且能够有效协调理论与实践之间的对等关系,理论体系能够有效促进创作实践;又能从实践中汲取知识为理论体系奠基。其抽象艺术研究对西方现代艺术的理念和构图造型、视觉传达效果等方面提供指引作用,拓宽大众审美领域;同时使艺术创作重新为艺术家主观感性认识服务,绘画的精神性再度成为艺术家创作活动的主旨。

其二,康定斯基抽象美学研究为20世纪欧洲现代艺术家们指明前进方向。艺术家是艺术活动的主要承担者,对艺术活动有优先主导权。在康定斯基用自身实践为西方现代艺术指明前进道路后,后辈艺术家们必然遵循康定斯基所铺设的道路继续砥砺前行。康定斯基对于艺术家在艺术活动中的作用的强调,再一次唤醒了人们对艺术主体的主观能动性的反思。康定斯基成长于20世纪的俄国,当时国家文化与艺术风气不尽如人意,不能为康定斯基发展提供有利条件,康定斯基通过游历欧洲各国,学习构建系统绘画理论体系并付诸实践,尽管过程中也有各种各样的保守派对其观念提出异议,康定斯基最终还是依靠自己的努力使得抽象艺术研究赢得了大众认可。尽管在历史长河中康定斯基的抽象观念还未完全发挥其影响,但是在大众耳熟能详的各类当代艺术运动中都不难发现康定斯基抽象艺术观念的影子。其中也不乏至上主义、极简主义这类极端的表现方式,这也恰恰是康定斯基艺术理念得到极度认可的表现。康定斯基艺术理念在传承中被不断附加新的时代内涵,在艺术家的心中被不断完善并体现在自由奔放的画面效果之上。

2) 康定斯基抽象艺术理论的启示

康定斯基的抽象艺术研究不仅对20世纪现代艺术发展产生既有的实践影响,其完整的抽象艺术理论体系同样为后世带来无穷启发。尽管康定斯基本人对于俄国以及德国的艺术发展抱有信心与热情,但是由于康定斯基的艺术创作过于前卫,以至于出现后很长时间不被大众接纳。在这之前,艺术家遵循自古以来传承的绘画方式,模仿与再现自然客观景物。而康定斯基所推崇的这种画面语言的再构建,完全打破了艺术家以往的认知界限。自此,画面不再以机械模仿自然景象为上,而是追求艺术家内心情感的表达。

其一,康定斯基抽象美学研究使欧洲传统绘画模式产生质变。康定斯基的艺术创作与传统绘画的空间、色彩与形式背道而驰。在传统绘画里可视化元素排列形式遵循一定规律而形成,然而在康定斯基的艺术创作里,画面元素的排布被完全打乱,甚至无法找到一定可视化的物象元素,色彩与线条之间毫无逻辑性的排列成为画面主题的唯一诉说者。康定斯基通过打破欧洲惯常使用的绘画构图与形式,重新建立起了画面的动势感与精神性。尽管在包豪斯时期,康定斯基的绘画风格同样呈现出几何化与平面化特征,但是画面内主观情感元素的表现力度丝毫没有削弱,反而在看似规整无序的整体效果中显得更加强烈。康定斯基最终逃脱了外在客观世界物象的束缚,通过主观性构思色彩、形式与构图上的激烈冲突,为观者完整再现了自己创作时的主观情感活动。

其二,康定斯基抽象艺术研究对后世艺术发展的启示。康定斯基的抽象艺术研究不仅改变了大众固有的艺术观念,使得非具象物体表现画面主题成为可能;同时他还利用自己理论与实践并行的亲身经历为观者挖掘出了一种全新层面的审美观念,希望通过绘画来表现艺术家内心深处更为深刻、更为本质的主旨。自此,西方现代艺术中抽象艺术开始广为流传,不单是因为架上绘画的表现模式由具象转变为非具象,艺术家自身的主观情感得以释放呈现在画面上,让观者能够身临其境,捕捉到艺术家的情感活动的与时代气息。在照相术出现以后,西方现代艺术首次找到了不同于以往传统写实绘画的全新发展道路。在康定斯基相关研究中生发出的抽象主义美学极大促进了西方甚至是东方艺术模式的发展,在当代艺术中越来越多强调艺术家的主体性作用,在根本上改变了世人对架上绘画模式的认识。

### 2.4.4 小结

康定斯基抽象艺术的发展,印证历史是各式各样合力共同作用的结果。任何带有自我批判色彩的意识萌芽,都必须有一位或是一个群体的"先觉者",但是先觉者通常由于时代环境而郁郁不得志。先觉者们往往成为艺术殿堂的建筑工,不辞辛苦地为艺术进步而奋斗。

所幸康定斯基的艺术理念虽然不被俄国接受,然而在德国先进开放的文化氛围之下最终得以被接纳,也拥有了一批和自己抱有共同艺术理想的艺术同道。康定斯基遵从亚里士多德对于艺术家主观能动性强调的言论,在艺术创作领域身先士卒,为后辈艺术家们照亮架上绘画的发展方向。他的艺术创作却被永远滞留在了"金字塔"之上,观者只能仰视其所成,终究无法知道当年在金字塔上究竟发生过什么,妄自揣测而惶惶不可终日。

但无论艺术家在艺术创作过程中所运用的画面语言如何具象或者非具象,绘画终究是艺术家作为人类对现实变化所做出相对应反应得到的结果。从这一层面而言,绘画无论采取多么抽象的表现形式,也依然与现实不无干系。康定斯基的抽象艺术是基于自己对现实生活所感,在对客观物象体验后直接将主观感受倾泻在画布上,让观者能够融入时代语境,切实体验与艺术家感同身受的人文情怀。布莱西特所运用"间离"概念可以很好地诠释这个问题,画家刻意远离现实从而能够保持有效距离体验现实而不被现实事物左右,从而能够在艺术创作中产生出不受事物特征影响、以艺术家"精神性"①为主要描述对象的画面语言,让画面元素为主旨服务。在这个过程中,画面表现方式的抽象化并非排在首位,而是结合艺术家自身的主观认知与画面主旨内容,做到为艺术家表现自己精神世界而服务,这也同样是康定斯基认为极端的抽象艺术是通向伟大精神时代的途径的理由,这也是杜尚秉持"破坏一切"②原则的原因,他认为一幅抽象主义的绘画在 50 年后再看便不再是抽象的。同样也正是因为注意到了艺术家本身的主观性。

康定斯基是抽象艺术研究的先觉者,同样是 20 世纪西方现代艺术发展的最大动力之一。他通过周边朋友与社团渠道汲取世界各地最优秀的艺术的主观性、精神性,将其融入自身的理论体系中,同时赋予抽象主义绘画以自由性、随意性。艺术的伟大源于不断创新的活力,康定斯基以其别具一格的抽象艺术研究为艺术殿堂添上一抹重彩,正是因为有这样的艺术巨匠走在时代前沿不断牵引,时下当代艺术才得以在其庇护下蓬勃发展。

---

① Pickstone Charles, "A Theology of Abstraction: Wassily Kandinsky's 'Concerning the Spiritual in Art'," *Theology* 114, No. 1, 2011: 32 – 41.
② [德]沃纳·霍夫曼:《现代艺术的激变》,薛华译,广西师范大学出版社,2013,第 171 页。

# 第三章
## 科学图像叙事

## 3.1 科学图像叙事关系

"读图时代"的到来,意味着当代文化跨越到"图像转向"的审美时代。随着科学相关领域不断取得突破性进展,科学图像作为科学传播的符号阐释空间。"当代'读图时代'的图像符号,已不再是传统相似性符号范式,它越来越趋向于能指自我指涉的仿像的新结构。"[①]M. J. T. 米歇尔在《图像理论》中首次提出"图像转向",阐明图像的"说话"功能优于客观的文字叙述,通过构建特定的"说话"体系,揭示图像意义,实现图像叙事。"图像转向"理论在科学图像中表现为:借助科学图像,构建与受众之间的感性交流空间,摒弃文字的理性主义说教,转向感性艺术符号,并将艺术符号与科学研究成果结合,用"感性原则"取代语言文字的"理性原则"。根据美国学者艾布拉姆斯和阿瑟·丹托的文艺理论阐述模式,本雅明的论断说明科学图像作为"符号阐释空间",为科学研究成果提供感性的、符号化的图像语境,使受众获得一种"沉浸式"的审美体验,由此受众与科学图像的距离逐渐消除。

基于米歇尔批判图像学,科学图像叙事跨越语言文字的理性壁垒,通过视觉语言建立科学语境和文本的交互关系,两者之间的相互转化实现艺术符号意指的延伸,即突破科学语境下的"蕴意结构",实现科学图像叙事。因此,科学图像借助"符号阐释空间"实现从编码到解码的横向贯通,跨越科学传播语境下图像符号的"蕴

① 周宪:《"读图时代"的图文"战争"》,《文学评论》2005 年第 6 期。

意结构",探究科学图像在形式、修辞、审美、观念四个层次的纵深。形式符号是科学图像中最基本的构成,借助色彩和线条的叙事功能和审美特性,受众形成对科学图像的直接感官体验。修辞符号是基于形式符号的升华,科学图像通过符号化修辞而进入审美和观念领域,在科学语境中表现为能指的表象符号,对科学内涵进行基本的视觉呈现。进入审美领域的科学图像,将艺术和科学融合于图像中,借助"蕴意结构"的美感营造,使科学图像具有更深层次的艺术内涵,并进一步构成科学图像的语言符号系统。观念符号是基于审美领域和科学语境两者的交融碰撞,形成的具有艺术性、普适性的科学图像,实现科学内涵的"可视化"。由形式向观念的动态演进过程中,科学图像超越了语言文本、色彩线条等形式符号,从而达到艺术符号在科学语境中的升华。基于此,研究图像视域下艺术与科学图像两者之间的共生和动态叙事关系。

  第一,图像视域下艺术与科学的共生叙事关系。科学图像将艺术和科技融合于"符号阐述空间",通过艺术符号的审美意蕴、能指和所指意义的延伸,图像视域下艺术与科技的叙事关系主要表现在两个方面:一方面,艺术图像被赋予科学内涵,使其本身具有多维语境下的"陌生化"叙事;另一方面,科学内涵借助艺术图像实现"知识可视化",可从作者、语境、文本和受众四个维度对"知识可视化"进行解码。从作者之维看科学图像,作者通过编码程序将真实意图隐藏于图像中,阿瑟·丹托的"真实论"认为现代艺术是作者借助作品的自我表述,同时福柯提出"作者功能",肯定作者在图像生产、转化和解读中的主体地位,推动从作者角度构建科学图像的"符号阐释空间",促进受众解读作者真实意图。科学图像的语境之维不仅是语境与文本的关系,而且还是语境与作者及受众的关系。语境之维包含多重语义:一是借助语境考察科学图像的真实含义;二是语境的多重指涉性,不同受众对同一图像由于科学素养差异形成不同解读;三是语境的"互文性",将符号置于庞大的科学语境中,形成对具体科学内涵的指涉。文本之维将图像阐释转向文本本身,基于内在的视觉形式将作者、语境和受众相联系,揭示科学图像的审美本质。受众之维则是基于受众自身解读科学图像,并在"符号阐释空间"中将作者、语境、文本和受众四者相互贯通。为研究艺术与科技关系构建契合点,创设艺术和科学之美的感知空间,说明两者之间是相互补充、相互渗透的关系。

  第二,图像视域下艺术与科学的动态叙事关系。通过科学图像的"元图像"指涉、矛盾空间等视知觉原理,建立受众与科学内部交流感知空间,使受众成为艺术符号的编码者和解码者,借助特定的"蕴意结构",即"图像文本",使原有科学图像的所指含义得以延伸,并构建科学图像的"作者—语境—受众"的内在互动模式。这一内在互动模式在科学图像叙事中表现为:作者根据科学内涵改编或创造图像,作为科学图像文本的生产者和传播者,借助科学语境连接受众和作者的图像阐释关系,使受众成为符号编码和解码的主体,在"符号阐释空间"内形成"作者—语境—受众"的互动关系。同时以米克·巴尔的符号理论中的"框架""装框""换框"理论对科学图像进行解码。"框架"是指以受众为主体,结合科学素养,赋予图像科学内涵,目的是使受众进入预设的图像阐释中。"装框"则是受众根据科学图像的表层含义,对其进行反复的重读的反思,借助"元图像"的象征叙事、矛盾空间的科学隐喻,对科学图像产生更深层次的阐释和重构。科学图像的预设阐释和重读反思本质上是一种"换框"行为,抛开图像原有语义和解读,装入科学语境中的"符号阐释空间",受众对科学图像产生新的图像解读,突出受众在科学图像解读中的主体性地位,激发受众内心的探索欲和阅读兴趣,实现科学传播。

### 3.1.1 科学图像的"陌生化"叙事

"陌生化"理论由俄国文艺理论家什克洛夫斯基提出,他认为所谓的"陌生化"就是审美主体打破原有思维定式,运用艺术手法赋予日常事物"奇异化"内涵,将艺术形式转向艰深化,增加对日常事物的感知时间和难度。这一理论运用于科学图像的"陌生化"叙事,表现为:剔除艺术图像本身"所指",改编部分传统图像范式,融合陌生的科学语境和文本,赋予艺术图像新的科学内涵,产生"旧瓶装新酒"的图像叙事效果。科学图像的"陌生化"叙事冲击受众原有惯性思维,使受众获得陌生化的审美体验,激发受众深入了解科学的兴趣和探索欲望。

1) 传统与科学的间离

德国戏剧革新家布莱希特提出艺术的"间离效果",主要是指观众在欣赏戏剧的同时却不融入剧情情节,产生空间和情绪上的"距离感",这种戏剧表演中的"间离"在科学图像中表现为"陌生化"叙事。其认为"间离"的过程就是与日常生活化的事物逐步"陌生化"的过程。这种"间离"效果在科学图像中表现为:作者通过改编具有普适性的传统图像,置换图像内的某个或多个元素,赋予其新的科学内涵,将作者真实意图隐蔽地设置于图像中,使传统图像产生"陌生化"的视觉效果,增加受众进行图像阐释的难度和趣味性,形成科学语境下的"符号阐释空间"。受众在"陌生化"科学图像阐释的过程中,产生与传统思维定式的矛盾或异化,激发受众对科学图像的欲望和诉求,受众与科学图像产生"陌生化"互动关系,并进一步使其产生审美快感。

2020年2月6日出版的 *Cell* 期刊封面图像(图3-1)采取中国皮影戏风格,取材中国传统民间故事《猴子捞月》,封面图像中猴子的目标是捕捉月亮在水中的倒影,月亮的倒影具体所指涉的是女性的卵巢,表明卵巢尚未受到与衰老相关的损害。卵巢衰老的分子机制和与年龄相关的女性生育能力是人们关注的热点。Prof. Wang课题组通过描述年老猴子和年轻猴子卵巢的单细胞转录组图谱,揭示新的诊断生物标志物和人类卵巢衰老的潜在治疗靶点。

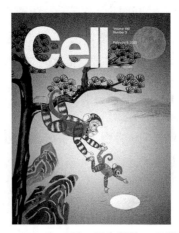

图3-1 2020年2月6日出版的 *Cell* 期刊封面

在该期封面图像中,封面图像设计灵感来源于该期"亮点论文",化用中国传统民间故事和皮影戏风格,打破"猴子捞月"传统叙事在读者观念中的思维定式,设计者将元图像"月亮"改编为"卵巢",将"枝干"改编为"单细胞转录组图谱",对"月亮"和"枝干"图像的改编和符号"所指"意义的延伸,产生了传统元素与科学语境的间离,具体表现为:读者在欣赏封面图像时会不自觉进入"猴子捞月"传统叙事语境中,但在科学语境和科学图像改编的双重作用下,封面图像中"月亮"和"枝干"的图像意义得以延伸,代表科学语境中的"卵巢"和"单细胞转录组图谱",共同指涉"亮点论文"中针对卵巢抗衰老研究的具体内容。

在科学语境和科学图像改编的双重作用下,以及"符号阐释空间"中作者、语境、文本和受众间的互动和贯通,科学语境和图像文本共同构成科学图像叙事的"间离"效果,使受众对传统元图像的改编产生情感和空间的"陌生化"。科学图像借助运用"传统与科学间离"的"陌生化"手法,其作用为:从视觉心理学角度,使受众心理产生传统思维与科学语境的矛盾,抛开传统语境中的思维定式,造成受众在图像阐释的不适感,激发受众解读科学图像的欲望和诉求,结合科学语境对图像进行客观合理的阐释,进而使受众产生心理快感;从艺术符号学角度,"传统与科学的间离"表面上是对传统符号与科学语境的割裂,实际上是拓宽传统符号指涉的外延,并进一步扩展到科学语境中作为科学传播的符号载体。在"符号阐释空间"内部结构的作用下,以视觉语言形式将传统与科学融合为相互阐释的符号系统,从而进一步激发受众对于科学图像指涉意味的思考和探索。

2) 神话与科学的互文

"互文性"概念由法国符号学家朱丽娅·克里斯蒂娃最先提出。她认为图像文本存在于更为庞大的语境中,图像文本和语境文本之间存在相互指涉、相互解码的共生性关系。在克里斯蒂娃看来,"互文性"理论重点在于图像文本的生产过程,

任何图像文本都是对其他图像文本的吸收与转化,包括对经典图像的改写。图像文本的多重语义指涉是艺术图像和科学语境相互作用的结果。从作者、语境、文本、受众四个维度,将图像文本的多重指涉交织于"意义之网"中,沟通图像文本在艺术与科学、历史与社会、神话与传统的多维联系。作者通过有意识、有目的的图像文本创作,使得图像与他图像在共同语境的作用下产生多重语义,由此产生图像自身的独立性和对话性。

2016年1月7日出版的 *Molecular Cell* 期刊封面图像(图3-2),以古罗马神灵雅努斯为灵感来源,雅努斯是古罗马象征开端和终结的双面神,其头部前后具有两副面孔,分别代表追溯过去和展望未来双重含义。Lin28A 是一种常见的 RNA 结合蛋白,具有调节多种细胞特性的功能。Prof. Zeng 课题组的科学研究成果发现,Lin28A 对 DNA 一致性序列表现出高亲和力的结合,同时招募 Tet1 对小鼠胚胎干细胞的基因表达具有调控表观遗传的功能。期刊封面中雅努斯的艺术描绘象征 Lin28A 对 RNA 和 DNA 结合的双重作用,以及两者在转录起始位点的结合和招募 Tet1 调节基因表达的作用。

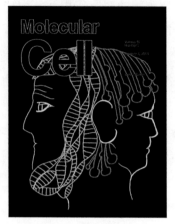

图3-2 2016年1月7日出版的 *Molecular Cell* 期刊封面

封面图像源自对雅努斯神话形象的改写,在艺术符号自身指涉和科学语境下产生多重语义。从作者之维看,作为符号的编码者,借助神话形象有目的、有意识地对科学知识进行可视化呈现。神话和科学本质上是感性和理性的交融,作者将两者融合于科学图像,用感性的神话形象阐释抽象的、理性的科学知识。从文本之维来看,期刊封面图像回归于雅努斯神话形象本身,象征万事万物的开端与终结,神话形象的线条单一,以平滑的勾线为主,色彩偏暗,以黑、白、绿、红的线描勾勒出封面图像,色彩与线条的组合构成画面神秘的艺术形象。从语境之维看,历史和科学语境成为链接读者和作者的中介。在国际科学期刊封面图像中,语境之维不仅是语境和"亮点论文"间的关系,而且还维系语境与作者及读者的关系。在科学图像中,神话形象与科学语境具有相互阐释关系,分析两者的关系可得出:神话形象的多重指涉、结构分布、符号编码都与科学语境形成相互阐释的互文关系,神话形象在科学语境作用下具有新的科学内涵,并成为多重指涉性的艺术图像,而科学知识以神话形象为载体,使科学图像阐释和传播更形象生动,推动受众对科学知识的理解。从受众之维看,受众通过神话形象对科学知识形成直观的感知,借助科学语境对神话形象的理解进一步深化,形成"你中有我,我中有你"的相互阐释关系。

因此,基于克里斯蒂娃的"互文性"概念,雅努斯神话形象具有多重图像指涉,主要表现为:一是历史语境下的雅努斯形象本身的神话意蕴,提供"符号阐释空间";二是科学语境下的雅努斯神话形象的双重指涉作用,神话形象的头部象征DNA(左)和RNA(右)序列,表明Lin28A对DNA一致性序列的高度结合及对

DNA 和 RNA 结合的双重作用。作为符号系统的神话形象受到科学语境的修辞，形成具有神话和科学意味的图像。其双重指涉作用为：一方面是自身图像的指涉，对神话形象自身的符号解读；另一方面是对科学语义的指涉，科学语境下的神话形象作为"蕴意结构"，推动符号"能指"和"所指"的实现和延伸。神话和科学的互文性结合，为科学图像叙事多重指涉增加可能，将科学图像置于历史、社会、科学等多重语境中考虑其真实内涵，为读者营造"陌生化"的审美体验，使受众获得多维语境中的科学和艺术价值。

### 3.1.2 科学图像的空间性叙事

"符号阐释空间"理论是华人学者段炼基于美国学者艾布拉姆斯和阿瑟·丹托模式提出的，其理论由具有阐释效能的"符号阐释空间"和图像文本生产和运作的"蕴意结构"组成，两者在科学图像中形成语境和文本的动态转化关系，这种转化关系使科学符号意指得以延伸，也使"符号阐述空间"具有科学和艺术价值。也就是说，"符号阐释空间"之所以能够有效运作，是因为基于作者、语境、文本和受众四个维度与"蕴意结构"的互动而产生，即空间语境与图像阐释的互动。因此，"正是'符号阐释的空间'从编码到解码的横向贯通，穿透了传播语境中图像符号的'蕴意结构'，方使'蕴意结构'内部四层符号的纵向升华和深化成为可能。"[1]科学图像作为空间性艺术，通过科学图像空间立体结构中的元图像指涉和视知觉感知，研究图像视域下艺术与科学图像的空间叙事关系。

1）元图像的象征叙事

米歇尔认为"'元图像'是视觉上、想象上或物质上得以实现的超形象的形式"[2]，元图像是关于图像的图像，是某个类型图像的基础隐喻或类比，基于元图像指涉，结合空间语境和图像阐释的双向互动，生发出具有多重符号意指。米歇尔认为元图像具有三种不同类型：一是自我指涉的图像，例如索尔·斯坦伯格的艺术作品《螺旋》，伴随图像文本的生产而形成，是关于描述绘画的绘画图像，具有"沉浸式"的语境和图像互动的情感体验；二是对某一类画作的指涉，通过图像再现图像，

---

[1] 段炼：《视觉文化：从艺术史到当代艺术的符号学研究》，江苏凤凰美术出版社，2018，第232-233页。
[2] W. J. T. 米歇尔：《图像何求？——形象的生命与爱》，北京大学出版社，2018，第4-5页。

是一种包含与被包含的图像所属关系;三是具有多元稳定性的图像,维特根斯坦的《哲学研究》中援引鸭兔图论证元图像的双重性,突出不同语境的自我指涉。图像视域下,科学图像在科学语境中通过改编基础隐喻图像,塑造"视为"和"描画为"的双重符号指涉,增强科学图像叙事效果。

2020年4月16日出版的 Cell 期刊封面图像(图3-3),以 SARS-CoV-2 冠状病毒为元图像,将 SARS-CoV-2 尖峰结构有规律地置于地球表面,象征病毒的传播范围之广,形成对冠状病毒结构和 COVID-19 全球分布广泛性的双重指涉。加州大学旧金山分校的 Walls、Park 等科学家证明血管紧张素转换酶(ACE2)是一种高亲和性条目 SARS-CoV-2 受体,同时 SARS-CoV-2 穗状糖蛋白在两种不同构象中的低温电子显微镜结构以及多克隆抗体的中和作用揭示了病毒入侵宿主细胞的机制,并对亚单位疫苗的研发产生重大影响。

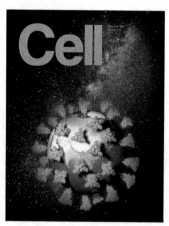

图3-3  2020年4月16日出版的 Cell 期刊封面

SARS-Cov-2 冠状病毒结构作为封面图像的"元图像",具有"视为"和"描画为"的双重性,主要体现在:将覆盖红色尖峰结构的地球图像视为 SARS-Cov-2 冠状病毒,并进一步描画为 COVID-19 在全球范围内的广泛传播。这种"双重性"在科学图像中主要表现为"能指"和"所指",借助元图像指涉实现模糊化、隐蔽的科学图像叙事。元图像的"视为"是最原始、最直接的图像解读,即图像脱离语境而客观实在的表层含义,受众考察元图像瞬时产生的"初印象",而"初印象"并非是科学图像的真实内涵,只是局限于表层的、思维定式的图像解读。在科学语境的情感营造中,元图像的"视为"内涵被逐步消解,转而进入科学领域的图像叙事范畴,即通过对元图像的改编和语境置入,元图像被"描画为"科学语境下的象征性图像,科学内涵通过受众多层次的合理解读,揭示元图像"描画为"的真实内涵。元图像的象征性叙事一方面使受众产生熟悉的视觉效果,促进受众对科学图像的初步阐释;另一方面置入新的科学语境,元图像本身含义被科学内涵所取代,转而实现象征性图像叙事。

根据米歇尔"图像转向"理论,元图像的指涉功能超越文字文本的阐释功能,元图像作为"图像的图像",其本身具有自我指涉和符号隐喻功能,通过对初始图像隐喻的考察,为受众解读科学图像叙事提供最原始的参考。结合当下COVID-19在全球范围内暴发的现实语境,读者能借助符号阐释空间实现从图像文本"能指"到"所指"的贯通。从色彩学角度解读科学图像,红色具有情感的警示意味,通过红色和黑底色的色彩搭配,突出COVID-19在全球范围内的严峻性。科学图像借助元图像指涉和受众自我阐释,将情感性、艺术性和科学性融合于科学图像,超越静态语言文本的理性阐释功能,使受众成为符号编码和解码的主体,构建起一条"作者—语境—受众"的内在互动模式。这一互动模式在元图像象征叙事中表现为:作者将科学内涵隐蔽地置于图像中,通过元图像指涉和空间隐喻,在"符号阐释空间"内各要素的共同作用下,结合具体科学语境,在作者、语境和受众的三者互动中赋予元图像新的科学内涵。因此,SARS-Cov-2冠状病毒结构通过科学语境和情感营造,借助"符号阐释空间"激发受众对科学图像的阐释和解读,塑造受众对科学图像的情感认同,从而实现科学图像的象征叙事。

2) 矛盾空间的科学隐喻

俄罗斯文艺理论家洛特曼基于索绪尔、皮尔斯和雅各布森的符号学理论,提出"符号域"概念,并将其定义为"文化疆域内的'共时的符号空间'"①,注重时间和空间的双重语境,"使空间内的个体符号系统得以有效运作"②。洛特曼指出符号域的一大特征就是共时性,因此科学图像中的个体符号系统具有画面的共时性。然而符号域内的各个子系统间的关系并非是静止的,而是动态的渐进演变过程。图像视域下,科学图像运用矛盾空间营造出空间对立的视觉关系,同时个体符号系统

---

① 尤里·米哈伊洛维奇·洛特曼:《思维的宇宙:文化符号学理论》,印第安纳大学出版社,2000,第3页。
② 段炼:《视觉文化:从艺术史到当代艺术的符号学研究》,江苏凤凰美术出版社,2018,第160页。

的空间排列使矛盾空间趋向于和谐,这种既对立又统一的空间关系在封面图像中交替存在,使受众产生视觉游走的艺术效果。洛特曼认为"人与周围世界的互动,对应着编码和解码程序的互动"[①],具体表现为受众和科学图像之间的互动,受众作为科学图像解码和编码的主体,借助特定的"符号阐释空间"和"蕴意结构",解构符码秩序所包含的观念和内容的二元关系、矛盾空间和线性时间的对立统一,以此增强科学图像的叙事表现力。

2019年1月24日出版的 Cell 期刊封面图像(图3-4),以"鸟"图像作为"符号域"内的个体符号系统,描绘鸟类在电线上按照不同方向、序列和间隔的三维空间分布,象征核小体折叠基序在纤维中的空间排列。Ohno 等科学家运用核小体解析的 Hi-CO 技术,与 SA-MD(stimulated annealing-molecular dynamics,模拟分子动力学)相结合,揭示纤维中核小体折叠基序的三维空间分布及其在染色质中的全基因组定位,运用 Hi-CO 方法再现酵母基因中不同核小体的折叠基序,通过纤维内部的空间构造,揭示核小体折叠基序排列的复杂性和不规律性。

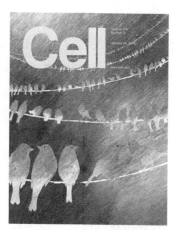

图3-4　2019年1月24日出版的 Cell 期刊封面

科学图像借助大量"鸟类"个体符号系统,运用矛盾空间实现科学叙事,其隐喻性叙事表现为:鸟类在电线上的矛盾空间分布及时间静止的有序排列,处于"符号域"中的个体符号系统通过由远及近、由上到下的矛盾空间,在期刊封面图像中形

---

① Ann Shukamn, *Literature and Semiotics*: *A Study of the Writing of Yu. M. Lotman* (Amsterdam: North-Holland Publishing Company, 1977), pp. 120-129, 177-179.

成折叠化、立体化的空间视幻,与核小体折叠基序的空间排列布局相契合,同时也通过大量"鸟"的图像预示折叠基序数量庞杂性和有穷性。设计者将看似毫不相关的"鸟"个体符号系统空间排列和核小体折叠基序相链接,运用和谐对立的矛盾空间关系,实现殊途同归的艺术效果。在科学图像的空间视觉呈现上,作者着眼于"符号域"中的个体符号系统,各符号系统的相互运作使"符号域"得以运转,即实现科学图像叙事。各符号系统间既存在外部运作,也存在内部关联。"鸟"图像作为个体符号系统,在科学图像中不规律地进行空间排列,营造出三维视幻空间,借助各符号系统和科学图像整体的互动,使艺术作品的编码成为可能,也使"作者—语境—读者"的内在交流模式得以进行。

### 3.1.3 图像视域下艺术与科学图像的叙事关系

艺术与科学是人类认识和掌握世界的基本方式,两者是相辅相成的亲密关系。艺术和科学自诞生以来便具有同源共生的内在关联,古希腊人提出"特可奈"概念,即广义范畴中的"技术",包括绘画、雕塑、音乐、手工业、医疗、农业等技能,涵盖了艺术和科学领域的范畴。中世纪欧洲盛行"自由七艺",包括逻辑、语法、修辞、算术、音乐、几何和天文,对艺术和科学的界定较为模糊。与中世纪盛行的"自由七艺"相对应,先秦时期《周礼·保氏》提出"六艺"的范畴,包括礼、乐、射、御、书、数等"六艺"。艺术和科学在中西方早期文化发展进程中保持共生性发展。直到文艺复兴和启蒙运动之后,艺术和科学的概念界定得以进一步明确和强化。因此,图像视域下,艺术和科学图像的"陌生化"叙事和空间性叙事,体现出两者共生性叙事和动态性叙事关系。

1) 艺术与科学的共生叙事关系

基于米歇尔"图像转向"理论,科学内涵借助图像语言实现"知识可视化",超越了客观语言文字的理性壁垒,以生动有趣的艺术符号为中介推动科学内涵的普适化,使科学传播不再局限于精英阶层间的固化传播,扩大了科学内涵的传播外延,表现为:更多的科学爱好者或科研人员能借助科学图像理解抽象的科学内涵,受众在艺术与科学的图像叙事中成为"知识可视化"传播的主力军。艺术与科学的共生叙事关系在科学图像中表现为:科学图像在传统语境和神话形象之间找到完美的契合点,辅以"陌生化"的图像叙事手段,使受众在解读科学图像过程中必须充分考虑艺术和科技两个维度,对科学图像的真实内涵进行论证。艺术与科学在科学图像中是相辅相成的叙事关系,脱离了艺术图像,科学内涵无法实现"知识可视化"传播;脱离了科学内涵,艺术图像则仅仅停留在色彩和线条的形式本身。

"知识可视化需要解释原理性(know how)和原因性(know why)的问题。可视化的知识材料就是通过视觉引导学习的过程。叙事框架的建立一方面需要考虑接收者的接受能力,另一方面需要考虑知识传递媒介。"[1]"知识可视化"在科学图像叙事中构建双向互动模式,一方面借助可视化图像降低受众理解科学内容的难度;另一方面突出受众在可视化图像的符号解码过程的主体性。"知识可视化"将艺术和科学的叙事关系融合于艺术符号中,其中艺术符号是科学"知识可视化"传播的载体和中介,科学图像中也能折射出艺术内涵,因此科学与艺术在某种程度上是互为形式和内容的关系,突出了艺术和科学图像叙事的交互性。

研究科学图像的"陌生化"叙事发现:图像视域下,通过对受众习以为常的图像加以改编处理,融合新的科学语境和图像文本,剔除艺术图像本身所指,将作者的真实意图隐蔽地置于该图像,但不破坏图像的原有语境,形成与受众传统思维定式的冲突和矛盾,使受众在图像解读过程中产生空间和情绪的"距离感",进而产生"陌生化"的艺术与科学的共生叙事关系。图像视域下,艺术与科学两者在图像语言中表现为相辅相成的关系,在"陌生化"图像叙事中,艺术图像在科学语境的作用下突破原有叙事框架,转而形成具有科学内涵的图像叙事,使受众对艺术图像的语义转换产生心理矛盾,即为图像的"陌生化"。

艺术与科学图像共生叙事的现实意义为:图像视域下,艺术符号脱离科学语境就停留在符号的"能指"层面,而科学内涵脱离"知识可视化"就局限于语言文本的理性范畴中,艺术和科学两者在"符号阐释空间"中相互配合、相互补充。而语境作为艺术与科学图像叙事的中介,连接作者和受众,使之在科学图像阐释空间中共同构成互动关系,揭示科学图像的实际含义。通过对艺术与科学图像的共生叙事关系的研究,得出艺术与科学并非是毫无交集的存在关系,在图像视域下,艺术与科学两者在图像中相遇、联系,共同作用于科学语境下的图像叙事。

---

[1] 王娜娜、陈小林:《视觉再现还是视觉转化?——国际字体图形教育体系中的知识可视化》,《装饰》2020年第1期。

2) 艺术与科学的动态叙事关系

科学图像叙事依赖于"符号阐释空间"和"蕴意结构",而"符号阐释空间"在作者、语境、文本和受众四个维度和"蕴意结构"的互动中有效运作。以米克·巴尔符号理论体系中的"框架""装框"和"换框"理论来解构艺术与科学的动态叙事关系。巴尔认为:"受众是阐释的主体,在解读图像过程中起决定作用。受众的解读行为发生在社会历史的语境中,这语境制约可能被解读出来的含义。"①基于受众之维,根据"框架—装框—换框"的逻辑顺序对科学图像叙事进行解构。其中"框架"是受众基于预设语境对科学图像的直接解读,"装框"是通过重读和反思形成具有主体性的另一框架,而"换框"在科学图像中表现为艺术和科学符号基于语境的相互置换和取代。米克·巴尔的符号理论将"符号阐释空间"置于符号编码和解码的重要地位,并试图构建"作者—语境—受众"的动态交流模式。图像视域下,科学图像的动态叙事是受众自我编码和解码的过程,主要表现为受众为艺术和科学符号建立合理的语境,推进空间语境和图像阐释的互动。

研究科学图像的空间性叙事发现:第一,在"符号阐释空间"中,科学图像作为空间化的符号系统,将各类子符号系统运用艺术视觉原理合理地置于图像中。"元图像"作为视觉的超形象形式,科学图像通过"元图像"自我指涉,表现为对"元图像"基础隐喻的解读,即图像的原始含义,再经过科学语境和符号"所指"的重读和反思,解读图像在科学语境下的象征含义。第二,科学图像借助矛盾空间的科学隐喻,将"符号域"中的各子符号系统置于矛盾空间中,使受众产生"视觉游走"的艺术效果。在科学语境的作用下解读矛盾空间的象征意味,使受众通过符号的编码和解码理解科学图像的实际含义。

"元图像"指涉和矛盾空间的科学隐喻都借助"作者—语境—受众"的互动模式实现空间动态叙事,使受众成为科学图像的编码和解码过程的主体,却始终不脱离科学语境的空间限制。图像视域下,"作者—语境—受众"的互动模式对动态叙事的具体阐释为:作者作为动态叙事空间的营造着,把科学图像视为空间化的符号系统,将"元图像"或矛盾视觉符号置于共时性的符号空间中,进行有规律的组合,把真实意图通过视觉语言予以呈现。语境为受众解读"元图像"指涉和矛盾空间的科

---

① 米克·巴尔:《解读艺术的符号学方法》,段炼译,《美术观察》2013年第10期。

学隐喻提供指向,引导受众产生合理的联想和迁移。受众作为艺术和科学图像的解码者,通过对"元图像"指涉和矛盾空间科学隐喻的符号学解读,可以得出:艺术和科学图像运用各子符号系统的指涉和隐喻,将科学图像的真实含义隐藏于象征符号中,激发受众对"元图像"指涉和矛盾空间科学隐喻的深层次探索,使两者在"作者—语境—受众"互动模式中实现动态叙事。

### 3.1.4 小结

随着"读图时代"的发展和成熟,科学图像的叙事模式和大众传播迎来新机遇。图像视域下,艺术和科学图像的叙事关系对科学图像国际化传播具有参考价值,即通过科学图像的"陌生化"叙事、空间性叙事,打破受众固有的思维定式,增加受众图像解读的难度和时间,使受众产生"意料之外、情理之中"的艺术审美体验。

图像文本正逐步超越语言文本成为"科学可视化"背景下科学传播的主要媒介,科学图像沟通了作者、语境和受众的互动模式。然而,图像文本的崛起并不意味着语言文本的衰退,科学图像和语言文本基于特定科学语境能实现相互阐释、相互补充的交互关系,两者的有机结合能推动知识的普适化传播。

基于米歇尔"图像转向"和"科学可视化"理论,科学图像的重要性日渐凸显,成为科学传播的重要一环。图像视域下,科学图像的叙事依赖于"作者—语境—受众"的互动关系,而脱离科学语境的科学图像,图像仅仅是形式主义的再现。因此,科学图像叙事中的各个部分环环相扣,受众既是符号的编码者又是解码者,在科学图像叙事中占据主导地位。

艺术与科学两者的独特叙事关系为:作为静态呈现的科学图像,通过传统与科学的间离、神话与科学的互文研究,得出图像视域下艺术与科学的共生叙事关系;作为空间立体的科学图像,通过"元图像"的象征叙事、矛盾空间的科学隐喻研究,总结出作者、语境和受众间存在的互动关系,并得出图像视域下艺术与科学的动态叙事关系。图像视域下的艺术和科学叙事研究,有助于受众更好地承担符号的编码者和解码者角色,使受众的图文关系解读能力在多元语境和多重语义指涉中处于主导地位。

## 3.2 国际权威科学期刊封面突发公共卫生事件图像示例

病毒与人类的隐喻关系是突发公共卫生事件给当今社会带来的反思。自从人类在地球上出现,病毒伴随人类的进化不断发展。随着艺术与科技的跨界发展,病毒这个原本对于艺术家来说相对陌生的物象进入艺术家与科学家的创作领域。"21世纪初俨然是图像传播的时代,这也是信息时代的特征。于是,图像传播便成为视觉文化研究的重要内容。"[①]艺术家与科学家对公共卫生事件的关注从国际权威科学期刊的封面图像上可以集中得到展示。以下为2014年至2020年国际权威科学期刊封面图像的示例研究以及对我国的启示。

例如,2015年2月26日出版的 *Cell* 期刊封面图像(图3-5),以数只面目狰狞的埃及果蝠作为图像元素,灵感源自乌干达马拉马岗博森林伊丽莎白女王国家公园的蟒蛇洞里的4万只蝙蝠。幼年埃及果蝠是马尔堡病毒的天然宿主,而马尔堡病毒是一种能导致人类病毒性出血热的病原体。Flyak 和 Hashiguchi 等人以感染马尔堡病毒的一名美国旅行者为例,通过对其体内人类抗体分析和病毒糖蛋白结合抗体的结构分析,为新型病毒抑制和治疗提供策略。

图3-5　2015年2月26日 *Cell* 封面

封面图像采用倒立的埃及果蝠图像,辅之以夸张动感的面部表情,制造强烈的视

---

[①]　锻炼:《视觉文化:从艺术史到当代艺术的符号学研究》,江苏凤凰美术出版社,2018,第5页。

觉冲击感。在图像空间排列上,大致由四排埃及果蝠图像呈顺时针30度角倾斜排列,尤以二列正中(从上往下)果蝠图像最为突出,营造由近及远的透视效果,塑造期刊封面的立体视觉感受。埃及果蝠作为马尔堡病毒的天然宿主,通过封面图像的夸张化渲染,突出抑制马尔堡新型病毒的紧迫感和重要性。期刊封面虽以静态图像呈现,但促使读者内心产生强烈的视听觉效果,进一步突出马尔堡病毒的严重危害性。

2016年9月8日出版的 *Cell* 期刊封面图像(图3-6),由汽油箱、电池、电线、免疫原等图像符号构成,指代免疫系统依靠抗体来防止有害病原体和疾病传播。在艾滋病毒或流感病例中,一个主要挑战就是人体能够通过接种疫苗产生广泛中和的抗体。为了实现这一目标,Briney、Tian、Escolano等人通过使用定制抗体的免疫原,与某种特定抗体的种系版本(即封面中的"电池"图像)结合,通过原免疫原变体(即封面中的"汽油箱"图像)加速反应,进而保持抗体反应朝正确方向发展。通过此种方法,科学家可以分离出抗体,甚至中和小白鼠中的异种2级HIV分离物,并得出最终实验结果。

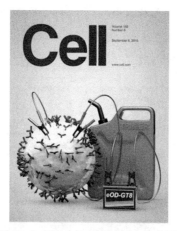

图3-6  2016年9月8日 *Cell* 封面

封面图像运用象征和指代的符号化呈现,用电池和汽油箱分别代表某种特定抗体的种系版本和免疫原变体,借由免疫原与免疫原变体的加速反应,进而保持抗体正常运行。通过象征符号的具体所指,生动再现免疫系统如何依靠抗体防止有害病原体和疾病传播,加强读者对抽象生物学原理的视觉理解。

2016年11月3日出版的 *Cell* 期刊封面图像(图3-7),主要表现人体面对不同病原体的免疫反应。通过人类功能基因组学项目的相关研究,揭示同个族群中的个体对相同微生物产生的不同免疫反应。在三篇相关论文中,学者们研究了宿主和环境因素、遗传和微生物如何影响 500 多名健康志愿者的免疫细胞在面对各种病原体(如病毒、细菌和真菌)时的反应。

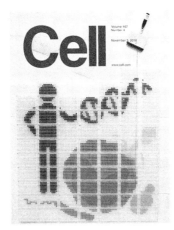

图 3-7　2016 年 11 月 3 日 *Cell* 封面

封面图像通过模糊化的视觉呈现、马赛克式的形式结构,生动展现人类免疫细胞面对不同的病原体的反应,模糊化空间布局给读者充分的想象空间,代表人体、免疫细胞、病原体等因素的集合,这些因素的结合使不同个体的免疫反应具有差异性。马赛克形式结构的运用,辅以黄、蓝、红、橙等色彩构成,营造出空间错视,表现出人体对病毒、细菌、真菌的免疫反应。

2019 年 8 月 22 日出版的 *Cell* 期刊封面图像(图 3-8),是基于 Grubaugh 等人

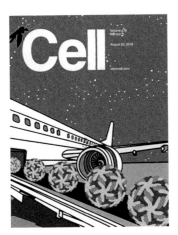

图 3-8　2019 年 8 月 22 日 *Cell* 封面

结合旅行检测和基因组流行病学发现的视觉设计。随着寨卡病毒在美洲仍在持续暴发，Grubaugh 等人于 2017 年期间在古巴发现了一场大规模的"隐蔽"疫情，由于毫无征兆的病媒控制流动导致"隐蔽"疫情比主要疫情暴发约晚一年。Grubaugh 课题组的研究提供了全新研究框架，有助于发现隐秘的人类传染病暴发，并在缺乏可靠病例报告的情况下了解其动态。

封面图像描绘一架飞机在夜幕的掩护下装载着寨卡病毒货物，以飞机、传输带、病毒等图像，借助可视化符号表明病毒如何借助特殊中介进行长距离传播。期刊封面左上方的蚊子图像，暗指蚊子是潜在的寨卡病毒中间宿主，并借助黑夜夜景的图像渲染，突出塞卡病毒的隐蔽和严重性。

2020 年 2 月 20 日出版的 *Cell* 期刊封面图像（图 3-9），以《2001：太空漫游》中的人工智能角色哈尔 9000 命名的哈利辛（Halicin）被描绘成一个屏障，抵御周围的细菌海洋。抗生素耐药性是一个受到普遍关注的公共卫生问题，亟须借助创造性方法研制新药物。Stokes 等人利用深度学习神经网络，从化学文库中预测具有抗菌活性的化合物，发现具有广谱杀菌活性的分子——Halicin。

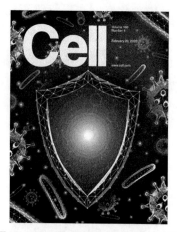

图 3-9　2020 年 2 月 20 日 *Cell* 封面

封面图像运用图像隐喻和透视原理，将读者视线汇聚在屏障中的焦点，营造出一种特殊的空间透视效果。散布在屏障周围的各类细菌维持画面的视觉平衡，与屏障色彩形成较大反差，制造出神秘深邃的审美体验。

2015 年 4 月 7 日出版的 *Cell* 期刊封面图像（图 3-10）由淋病奈瑟菌细胞图像构成。淋病奈瑟菌是引起性传播淋病的病原体，淋病 N. MtrF 外排转运蛋白介导是严格意义上的人类病原体。Su 等人通过对磺胺类抗代谢物抗性的研究,进一步论证淋病奈瑟菌是引起性传播性淋病的病原体。

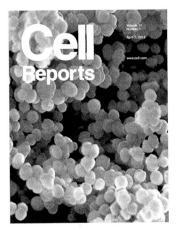

图 3-10　2015 年 4 月 7 日 *Cell* 封面

期刊封面运用大量奈瑟菌细胞图像,借助明暗对比的表现手法,封面左上和右下的细胞图像数量庞大且聚集,光线较"左下—右上"轴线较亮,封面整体呈现出视觉平衡和想象空间。这种视觉平衡体现在细胞数量和明暗对比间的平衡,而想象空间体现在对大量奈瑟菌细胞图像的整体感知,经由读者主观心理知觉出大量奈瑟菌细胞的完整形象。

2015 年 6 月 23 日出版的 *Cell* 期刊封面图像(图 3-11)以日本浮世绘风景版画"神奈川冲浪"为原型,指代病毒与宿主是一种狂风暴雨般的相互冲击关系。宿

图 3-11　2015 年 6 月 23 日 *Cell* 封面

主和病原体相互关系的影响因素对理解和治愈疾病至关重要，Benitez 等人利用宿主的内源性 micro RNA 机制来进行流感 A 病毒干扰 RNA（siRNA）的筛选，并通过病毒筛选识别真正的抗病毒宿主因子。

封面图像巧妙化用日本浮世绘风景版画，并将不同层级的波浪以不同色彩标示不同 RNA 基因序列，使读者能够更直观明了地识别真正的抗病毒宿主因子。期刊封面大量留白，给读者以充分的想象空间，并将视觉重心转向标明不同色彩的基因序列，与大量留白的视觉空间形成鲜明对比。此外，以"神奈川冲浪"为原型符号，突出病毒与宿主间相互冲击的动态演变关系。

2014 年 8 月 1 日出版的 *Cell* 期刊封面图像（图 3-12），以彩色扫描电子显微镜下的狗蛔虫作为封面图像。全球超过 10 亿人感染肠道寄生虫，特别是在发展中国家出现严重的发病率。相关科学家以小白鼠作为研究对象，发现肠道寄生虫会减弱宿主对病毒的免疫力，导致潜伏于体内的病毒重新激活，并进一步阻碍抗病毒防御。

**图 3-12　2014 年 8 月 1 日 *Cell* 封面**

封面图像以简单直观的狗蛔虫作为封面图像，突出肠道寄生虫在病毒免疫中的阻碍和破坏作用。灰色系的蛔虫图像与深蓝色背景图像交相辉映，构成画面整体的和谐布局。同时蛔虫图像也进一步增强画面立体感，实现期刊封面从平面化向二维立体的转变。

2016 年 1 月 1 日出版的 *Science* 期刊封面图像（图 3-13）描述位于马里兰州弗雷德里克的美国国家卫生研究院疫苗试验厂，数瓶被放在冰上的用于对抗严重急性呼吸系统综合征、马尔堡病毒和基孔肯雅热的实验疫苗。在西非暴发埃博拉疫情之后，越来越多的研究人员和公共卫生倡导者认为，应该采取更多行动，大力开发成本低且有效的疫苗。

图 3-13　2016 年 1 月 1 日 *Science* 封面

封面图像由三瓶实验疫苗和数颗冰块组成，实验疫苗位于画面正中央，一方面表明实验疫苗的低温储存环境，另一方面也突出疫苗的稀缺性。画面中冰块布局营造出立体化的空间形态，即下部冰块多，作为疫苗的底部，上部冰块少，营造出由远及近的视觉效果，进而激发读者的阅读兴趣。

2016 年 3 月 4 日出版的 *Science* 期刊封面图像（图 3-14）描绘日本媒体参观福岛第一核电站 4 号反应堆建筑的真实场景。日本大地震引发的海啸曾导致该核电站熔毁，目前东京电力公司正进行一项历时数十年、耗资 90 亿美元的拆除重建

图 3-14　2016 年 3 月 4 日 *Science* 封面

计划。该计划将逐步推动机器人技术的进步。与此同时,当地居民也积极努力应对长期低剂量辐射可能带来的健康影响。

封面图像采取写实风格化构图,通过记录日本媒体参观福岛核电站的真实场景,并借助摄影"三分法"构图,将天空、建筑、人三等分,将残败不堪的福岛核电站4号反应堆鲜明显现。身着白色防护服的日本媒体保持相似的低头姿势,一方面是向日本大地震造成的严重伤亡与损失默哀,另一方面是摄影师为保持画面和谐平衡的捕捉显现。封面图像整体在色调上以暖色调为主,表现出画面视觉和谐与现实场景的冲突与对立。

2016年4月22日出版的 Science 期刊以柬埔寨佩林农场雇用的一名移民工人作为封面图像(图3-15)。佩林位于柬埔寨与泰国边境附近,感染疟疾的风险特别高,柬埔寨计划到2030年消灭大湄公河次区域所有疟疾的目标面临诸多挑战。

**图3-15  2016年4月22日 Science 封面**

封面图像以写实场景为主,将移民工人置于画面中央,一名青年男子裸露上半身,端坐于帐篷内的地毯上,双眼注视眼前镜头。借助摄影"三分法"构图,试图营造出朦胧与真实交织的底层人物镜像,突出湄公河次区域移民工人为抗击疟疾做出的简单防疫工作,使消灭疟疾目标能否实现变得扑朔迷离。

2016年9月9日出版的 Science 期刊封面图像(图3-16),以图像化呈现寨卡疫苗的三种途径示意图。寨卡病毒在美洲进一步暴发,已证明会导致严重的出生缺陷,以及成人的神经问题。通过研究人员对三种单独疫苗途径的描述,可针对恒河猴阻隔寨卡病毒感染概率。这些发现为寨卡疫苗在人类临床试验开辟全新之路。

图 3-16　2016 年 9 月 9 日 *Science* 封面

封面图像由三支疫苗分别由不同方向注射,运用"河流"意象表示三支曲折流动的疫苗并汇合,表明三支寨卡疫苗均能有效阻隔寨卡病毒感染。封面图片选取日薄西山的场景,与代表三支疫苗的"河流"意象相映成趣,一方面喻示寨卡病毒终能借助特效疫苗得到控制;另一方面通过暮日、绿地、河流等景象构成画面平衡与和谐,给读者以舒缓自然的视觉审美体验。

2017 年 4 月 7 日出版的 *Science* 期刊封面图像(图 3-17),描述在尼日利亚东北部博尔诺州首府迈杜古里的无国界医生医院,一名儿童因严重营养不良在重症监护病房接受治疗。在非洲大陆面临最严重危机时,数百万人逃离博科圣地的暴力,也遭受营养不良和传染病的双重折磨。

图 3-17　2017 年 4 月 7 日 *Science* 封面

封面图像聚焦于镜头前营养不良的儿童,将身后穿着紫色外衣的成年妇女和绿色包裹进行虚化处理,使儿童悲惨的境遇和弱小的无助得到充分展现。写实摄影的封面图片能激发读者心灵共鸣,唤起读者内心深层次的怜悯和同理心,并进一步激发读者的阅读兴趣。

2017年6月2日出版的 Science 期刊封面图像(图3-18),以拉沙病毒糖蛋白的三聚体为封面图像,表现出病毒表面(橙色)与人类体内中和抗体片段(白色)的结合。空抗体结合位点的阐明,结合抗体桥接三聚体中的不同单体,以防止感染所需的构象改变。Hastie 等人发现的晶体结构为疫苗开发提供新路径。

图3-18　2017年6月2日 Science 封面

封面图像采用背景虚化,着重突出病毒表面与人体中和抗体的结合,也意味着虚化背景中容纳了众多病毒与抗体结合体,虚化背景给读者充分的想象空间。借助3D技术,将二维平面图像转化为三维立体空间,利用明暗色彩对比和可视化再现,突出病毒与抗体结合体中单体数量众多的特点,激发读者了解其晶体结构的探求欲。

2017年7月14日出版的 Science 期刊封面图像(图3-19),描述2016年在佛罗里达州迈阿密,一名场地管理员正在喷洒杀虫剂以控制蚊子。寨卡病毒由埃及伊蚊为中间宿主,这种黄病毒属也在南美洲引起大规模的感染暴发,并导致大量新生儿的神经系统异常。这种病毒向北传播至美国,现已发现多例感染病例。

图3-19 2017年7月14日 Science 封面

封面图像以场地管理员喷洒杀虫剂为主要图像，营造出现实与虚幻的审美情感："现实性"体现在消除寨卡病毒工作的真实性，表现出寨卡病毒在美国传播的严重程度；"虚幻性"则体现在背景的模糊处理和周遭环境的未知，营造出美国面临寨卡病毒的恐惧与未知并存的复杂心理。

2018年4月27日出版的 Science 期刊封面图像（图3-20），描述基于 CRISPR-Cas 生物学原理开发的便携式诊断工具能够快速、高灵敏度地检测患者样本中的病原体。

图3-20 2018年4月27日 Science 封面

封面图像以沙子绘制的寨卡病毒衣壳的概念图，突出利用这些工具在偏远地区检测和跟踪疾病的可行性。借助可视化手段，运用充分写实的镜头语言，展现富有一定规律的特殊符号,帮助读者形成对寨卡病毒衣壳的整体认知。

2018年6月15日出版的Science期刊封面图像(图3-21),描述一位艾滋病晚期的12岁男孩Yusuf Adamu,在尼日利亚阿布贾Asokoro地区医院接受X光检查。虽然世界离"终结艾滋病"的目标越来越近,但艾滋病仍然在一些地方肆虐。强大的抗逆转录病毒药物可以阻止传播并延长寿命,但由于贫困和其他社会经济因素,许多感染者没有获得这些药物的手段。

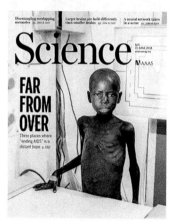

图3-21 2018年6月15日Science封面

将封面图像分割为两个场景:一是男孩瘦骨嶙峋凝视着前方,头部正接受X光检查,表现出男孩绝望中透露着希望的真实情感,也表明艾滋病在非洲肆虐的现实情景;二是男孩背后的医疗和公共卫生设施的图景,简陋、不规范的医疗设施难以保障艾滋病患者维持正常生活,通过抓拍真实再现非洲不完善的医疗环境,体现设计师的人文关怀,激发读者内心深层次的同情和悲悯。

2020年1月9日出版的nature期刊封面图像(图3-22),以虚化镜头展现教室中正在上课的场景,其中画面聚焦于一只高高举起的手,身着粉红衬衣的教师低头记录并对其视而不见。Simon Hay等人相继发布两篇论文,调研大约100个中低收入国家(从非洲到中东、亚洲和南美),获取2000年至2017年期间儿童生长失败和受教育程度的清晰分布地图。现阶段,营养是影响儿童发病率和死亡率的关键因素,同时受教育程度也是影响儿童健康的关键因素。研究人员发现,尽管世界范围内两个领域均取得重大进展,但许多国家仍然存在地域不平衡现象。

图 3-22  2020 年 1 月 9 日 *nature* 封面

封面图像采取虚化镜头,聚焦于一只小男孩的手,让读者不禁展开联想:为什么老师面对学生举起的手却不为所动?借助虚实相生的镜头,并结合文本语境,得出全球范围内儿童发展受限于教育水平和营养的结论。封面图片中高举的手也起到警示读者的作用,呼吁全球重视儿童成长和地域不平衡现象。

2019 年 10 月 17 日出版的 *nature* 期刊封面图像(图 3-23),以飘荡的烟雾作为封面图像,运用黑底作为封面背景,营造出神秘诡谲的意境。科学研究表明,吸烟会显著增加患 2 型糖尿病的风险,但造成这种影响的潜在机制仍未查明。Paul Kenny 科研团队在老鼠体内发现转录因子 TCF7L2 介导了一个信号通路,该通路

图 3-23  2019 年 10 月 17 日 *nature* 封面

将被尼古丁激活的大脑神经元与被胰腺调节的血糖联系起来。研究人员表明,当尼古丁激活大脑内中部 habenula 区神经元上表达的尼古丁乙酰胆碱受体(nAChR)蛋白时,导致对尼古丁的不良反应,限制摄入胰腺释放胰高血糖素和胰岛素,反过来又会提高血糖水平,而血糖水平与患糖尿病的高风险有关。此外,升高的血糖水平通过抑制内侧 habenula 神经元表达的 nAChRs,阻止对吸烟的不良反应,帮助建立尼古丁依赖,从而形成一个反馈回路。

封面图像采用蓝色、绿色、紫色的烟雾图像,并分别向三个不同方向散开,一方面是由于烟雾随着空气而流动,另一方面喻示尼古丁激活大脑神经元导致血糖水平提高。封面图片运用大量黑色背景,与缥缈的烟雾一同构成具有神秘性、复杂性的视觉效果,进一步激发读者探讨尼古丁成瘾与糖尿病风险的关系。

2018 年 7 月 26 日出版的 *nature* 期刊封面图像(图 3-24),描述在柬埔寨暹蓬疟疾研究项目设施的医务人员正在检查年轻男子的健康状况。以青蒿素为基础的联合疗法是治疗疟疾的传统疗法,但柬埔寨暹蓬疟疾的耐药性导致感染人数出现大规模暴发。尽管该地区仅占全球疟疾病例的 7%,但它已多次出现耐药疟疾寄生虫毒株,并逐步侵入全球其他地区。柬埔寨、泰国、越南、老挝和缅甸正努力在抗药型疟疾广泛传播前消灭这类寄生虫毒株,相关研究人员正通过技术改进加强对寄生虫毒株的检测,进而找出预防耐药性的有效办法。

图 3-24　2018 年 7 月 26 日 *nature* 封面

封面图像采取纪实性摄影,展现出柬埔寨暹蓬疟疾对普通民众的侵袭。以画面构图而言,运用"年轻男子—医务人员"形成三角形构图,吸引读者将目光聚焦于构图内容,激发读者进一步思考医务人员对年轻男子进行检查的原因,从而引导读者将目光转向预防寄生虫毒株耐药性的办法。清晰直观的纪实性摄影,在视觉效果上,呈现出真实、再现化的现实图景;在图像意蕴层面,表现出柬埔寨遏蓬疟疾的严重性和紧迫性。

2020年3月21日出版的 *The Lancet*(《柳叶刀》)期刊封面图像(图3-25),描述随着 Covid-19 在全球范围的暴发,非洲国家刚果共和国从抗击埃博拉病毒迅速转移到新冠病毒的应对工作。刚果共和国位于非洲大陆中部,一旦新冠病毒在刚果暴发,非洲大陆将面临不可预测的风险。

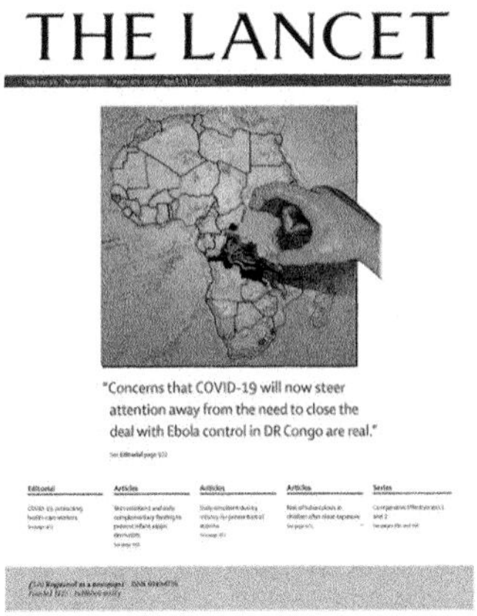

**图 3-25　2020 年 3 月 21 日 *The Lancet* 封面**

封面图像运用一只手将刚果从非洲大陆版图剥离,其底部仍有埃博拉病毒的残余,表明现阶段刚果尚未完全摆脱埃博拉疫情,也表明刚果的疫情防控对整个非洲大陆至关重要。采取图文结合的封面设计,一方面能对封面图像内容进行清晰阐释,另一方面借助"名人效应"引起读者重视,吸引读者深入了解非洲国家抗击埃博拉疫情现状和当地卫生保健系统建设情况。在视觉效果上,期刊封面体现出理想化、拟人化的设计风格,表现出非洲抗击疫情的脆弱性和严峻性。

"在海德格尔看来,现代艺术已经异化,它漂离了它的本质,不再是原初的去蔽事件或真理发生的基本方式……而是由于现代技术统治切断了艺术与自身本源的关联。"[①]然而,海氏未曾预料到当代艺术已经突破"架上"的形制,转而用视觉与科技融

---

① 朱立元主编《当代西方文艺理论》,华东师范大学出版社,2003,第146页。

合的方式,让更多人去关注与了解病毒与人类的关系,展示记述方式与被记述对象之间的张力,这是当代社会在面临公共突发卫生事件时的新型观看模式。病毒是不断变异的物种,在科学家的指导下,艺术家以一种替代性视角回视人类与病毒的关系,使得神经科学、心理学等相关领域迅速发展,从而被列入生命政治的考量范围。

当下,2019-nCoV 公共卫生事件仍然警醒我们应该尽快完善我国的公共医疗与应急管理体系,满足处在后现代信息与工业时代的我国社会发展机制。

## 3.3 "CNS"及子刊封面公共卫生事件图像示例

"CNS"及子刊是国际权威科学期刊,其封面图像具有较强的视觉化传播效能,较强的传播前沿科技与审美风尚的作用。"CNS"及子刊既是展现前沿生物科技的桥头堡,同时也是国际重大事件的观察员。在艺术学的视域下,以科技路径警醒与关怀人类的公共卫生健康,是艺术与科技关系的新型呈现模式,以下为 2010—2014 年"CNS"及其子刊封面图像的示例研究以及对我国的启示。

例如,2014 年 9 月 10 日的 *Cell* 子刊《寄生虫学》封面图像(图 3-26),描述如何根除麦地那龙线虫病(也称为几内亚蠕虫病),该疾病发生于 1985 年。Sandy Caircross 等专家以非洲北部加纳共和国为研究案例,在论文中发表如何解决此疾病的方法,使人类能够战胜此疾病。封面图像是慕尼黑医生墓碑上的"阿斯克勒皮乌斯杖",该符号的释义是:它代表几内亚蠕虫病的传统治疗方法,即蠕虫从伤口处

图 3-26  2014 年 9 月 10 日 *Cell* 子刊《寄生虫学》期刊封面图像

缓慢拉出并缠绕在一根棍子上。

2012年7月1日 *Cell* 子刊《寄生虫学》封面图像(图3-27),描述随着伊维菌素的大规模管理与投入应用,生活在盘尾丝虫病泛滥地区的河流与土地上,成千上万的非洲儿童得到了实际的益处,现在他们已摆脱了这种疾病的干扰。目前,这种疾病在全球范围内得以消除。事实上,根除该疾病得益于现代信息社会的高速发展与网络的普及。随着网络社会信息的不断完善,从某个国家乃至世界范围,人们的信息量不断变得丰富,社会透明度增加,使得包括医疗信息在内的各方面信息可以共享,这种完善透明的网络信息系统对于帮助不发达地区提高医疗水平、战胜疾病有着很重要的影响。

**图3-27　2012年7月1日 *Cell* 子刊《寄生虫学》期刊封面图像**

2014年8月13日 *Cell* 子刊 *Host&Microbe* 期刊封面图像(图3-28)描述由疟原虫引起的疟疾。这种寄生虫通过反复入侵红细胞与迅速分裂繁殖能力在血液中扩散。抗原变异使寄生虫能够抵抗免疫反应并逐步建立慢性感染。在每一轮复制过程中,少量的寄生虫会分化成配子细胞,配子通过蚊子向人间传播所需的性前体。Brancucci 等人的研究确定表观遗传因子异染色质蛋白1(HP1)和 Coleman 等人研究发现组蛋白脱乙酰基酶2(Hda2)是至关重要的调节因子。恶性疟原虫的抗原变异和性转化证明,HP1 和 Hda2 控制主要表面抗原 var/PfEMP1 的可遗传沉默和相互排斥表达,以及配子体诱导转录因子 AP2-G 的表达,从而控制向性别分化的过程。封面描绘了人工染色的吉姆萨染色血液涂片,并突出 HP1/Hda2 耗尽寄生虫的配子细胞超转化表型(伸长/新月形)。

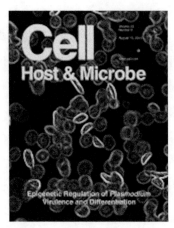

图 3-28　2014 年 8 月 13 日 *Cell* 子刊 *Host & Microbe* 期刊封面图像

2011 年 6 月 1 日 *Cell* 子刊《免疫学》期刊封面图像(图 3-29),表述黏膜部位的上皮屏障在外部世界和内部免疫环境之间提供物理隔离。科学家主要探讨上皮细胞(EC)如何促进黏膜免疫稳态的控制。玛丽亚·雷斯克尼奥着重于 EC 在肠中的免疫调节作用,着重于这些细胞如何感测并将信息从微生物群传递到宿主免疫系统。Heijink 及其同事在其中描述了 ECs 上表达的 E-钙黏着蛋白如何促进气道上皮的屏障完整性和免疫功能。他们提出,E-钙黏蛋白可能在呼吸道中介导对过敏原的免疫反应。

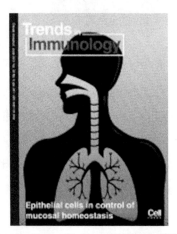

图 3-29　2011 年 6 月 1 日 *Cell* 子刊《免疫学》期刊封面图像

2010 年 12 月 2 日出版的 *nature* 期刊封面图像(图 3-30)主要描述动物和人类病原体 α 病毒的重要性。在印度和东南亚爆发的由蚊子传播的基孔肯雅病毒感染便是其重要性的证实。α病毒的 E1 和 E2 糖蛋白是病毒感染宿主细胞的核心。在宿主细胞内囊泡中发现的酸性条件下，在病毒表面形成穗状突起的 E1/E2 异二聚体解离，E1 经过与内质膜融合而引起感染。Flix-Rey 及其同事在中性 pH 下展示了基孔肯雅病毒包膜糖蛋白的结构，Michael Rossmann 及其同事在低 pH 下揭示了 Sindbis 病毒包膜蛋白的结构。Sindbis 病毒可引起人类发热，是研究最广泛的 α 病毒。[①] 通过对两种结构的比较，我们可以深入了解融合激活是如何控制的，并指出可能的疫苗靶点。

图 3‑30　2010 年 12 月 2 日 *nature* 期刊封面

　　2010 年 11 月 18 日出版的 *nature* 期刊封面图像（图 3‑31），描述 2009 年 4 月冰岛火山产生的火山灰云中断了欧洲的空中交通，这座火山断断续续地活跃了大约 18 年。埃亚菲亚德拉火山喷发前的天基大地测量和地震监测相结合，揭示了异常的变形模式。2010 年火山爆发前期的预测几乎没有，但是在其爆发前几周、数月与数年内，火山有较为明显的动荡痕迹，这些痕迹为灾难的最终爆发提供了更多预警。图片为 2010 年 5 月 11 日主火山口火山灰羽的底部，火山灰热"炸弹"当时喷射到数百米的空中。

---

① 丁国永等：《埃博拉病毒包膜糖蛋白研究进展》，《病毒学报》2013 年第 2 期。

图 3-31　2010 年 11 月 18 日出版的 nature 期刊封面

2010 年 9 月 2 日出版的 nature 期刊封面图像（图 3-32），描述在临床环境中，抗药性细菌的传播是一个日益严重的威胁，但它们产生的过程还未被探知清楚。使用接触抗生素的大肠杆菌连续培养的实验表明，一些自发的耐药突变体可以通过产生信号分子吲哚来保护大多数人群。这激活了易感亲属的药物外排泵和其他保护机制。更多的关于细菌细胞内通信的研究可能会证明合理设计临床干预措施以控制耐药细菌感染方面的价值。

图 3-32　2010 年 9 月 2 日出版的 nature 期刊封面

2010 年 3 月 4 日出版的 nature 期刊封面图像（图 3-33），阐释国际 MetaHIT（人类肠道的亚基因组学）项目公布的一份人类肠道微生物群基因目录。这些数据构成对此类人群基因集的第一个特征，这个基因集比人类基因补体大 150 倍以上，并且允许定义最小的肠道元基因组和最小的肠道细菌基因组。

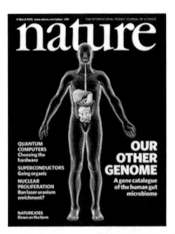

图 3-33　2010 年 3 月 4 日出版的 *nature* 期刊封面

2011 年 12 月 15 日出版的 *nature* 期刊封面图像(图 3-34),阐释日本如何应对 2011 年 3 月福岛第一核电站遭破坏的自然灾害所产生的放射和政治影响,将对全球核电行业产生巨大影响。日本两位著名政治家,Taira Tomoyuki 和 Hatoyama,呼吁将核电站国有化,作为复苏进程的一部分。他们认为,只有在政府的控制下,科学家们才能找出真正发生的事情,并制订必要的计划来应对后果。当前布置不充分的一个例子是封面上所示的修订后的反应堆操作人员手册。该文件由工厂的经营者提交给一个饮食委员会,经过大量的修改,几乎没人看得懂。

图 3-34　2011 年 12 月 15 日出版的 *nature* 期刊封面

2011年9月15日出版的 *nature* 期刊封面图像(图3-35),描绘2009年4月6日,意大利中部阿布鲁佐地域爆发的里氏6.3级地震。此次地震造成多个中世纪山镇严重破坏。300多人丧生,约1 500人受伤,65 000人暂时无家可归。当时,六名科学家和一名政府官员因未能评估和沟通潜在风险而被指控过失杀人。在一篇新闻特写中,斯蒂芬·S.霍尔讲述当地社区的情况与科学现象之间的差异。

图3-35　2011年9月15日出版的 *nature* 期刊封面

2011年4月14日出版的 *nature* 期刊封面(图3-36),描述"深水地平线"号灾难向墨西哥湾释放数百万桶原油和甲烷,一年后,在4月20日发生爆炸。马克·施罗普报道了该地区生态系统的现状。最大的影响是在最难发现的深海下,原油正在相当长的一段距离泄露。在封面上,原油从深水地平线冲刷上橙色海滩,图片

图3-36　2011年4月14日出版的 *nature* 期刊封面

是亚拉巴马州2010年6月12日的情况。

2011年5月26日出版的 nature 期刊封面(图3-37),主要反应集中于疫苗和疫苗接种的一系列新闻评论和研究论文。在《观点》中,Rino Rappuoli 和 Alan Aderem 提出2020年的愿景,那时合理设计的疫苗应该能够解决艾滋病毒、艾滋病,疟疾和结核病的三重问题。在《评论》中,朱莉·利斯克询问如何在发达社会中实现对疫苗接种的更大接受,海蒂·拉尔森和艾萨克·吉奈概述了在发展中国家与脊髓灰质炎的长期斗争中应汲取的教训。在《新闻特辑》中,罗伯塔·郭研究了最近的疫苗安全性问题,科莉·洛介绍了免疫学家布鲁斯·沃克及其对艾滋病疫苗领域进行大修的尝试。

**图3-37　2011年5月26日出版的 nature 期刊封面**

2011年8月25日出版的 nature 期刊封面图像(图3-38)主要阐释长久以来人类历史学家与科学家都认为,原则上全球气候和全球暴力模式应该是相关的,但是这一想法从未得到数据的直接证实。现在,一项新的分析研究了内乱是否与厄尔尼诺-南方涛动(ENSO)现象相关联,后者是现代全球气候中年际变化的主要模式。利用从1950年至2004年收集的热带国家数据,该研究发现,在爆发厄尔尼诺现象的年份爆发新的国内冲突的可能性是在较凉爽的拉尼娜年份爆发的两倍。总体而言,这些发现表明,自1950年以来,ENSO可能已在引发所有内战的21%中发挥了作用。这项研究首次证明了现代社会的稳定与全球气候有关。比如2020年新型冠状病毒的蔓延对美国内部政权造成不安,美国社会出现暴动现象也不足为奇。封面图像显示了每年的月份数,蓝色等于0,红色等于12,以此来表示地面温度响应厄尔尼诺现象而变暖。热带的变暖是由太平洋产生的大气开尔文波引起的,并且由于地球的自转而被困在赤道附近。

图3-38  2011年8月25日出版的 *nature* 期刊封面

2010年1月1日出版的 *Cell* 子刊《寄生虫学》期刊封面(图3-39),描述T调节细胞在疟疾感染中的双重性质由两个面对的上帝Janus代表,他经常戴着面具被展示。调节性T细胞功能的阴暗面(左侧)与保护性适应性免疫反应的抑制有关,导致高度的寄生虫血症、炎症和发烧(红色背景恶性疟原虫感染的红细胞),而明亮的一面调节性T细胞反应的炎症受到限制,并且在解决感染(右侧,恶性疟原虫蓝色背景感染的红细胞)期间防止了组织损伤。

图3-39  2010年1月1日出版的《寄生虫学》期刊封面

2013年1月1日出版的 *Cell* 子刊《寄生虫学》期刊封面(图3-40),描述"青蒿素耐药性"的概念。克里希纳(Krishna)与克雷姆斯纳(Kremsner)、费雷拉(Ferreira)等人都质疑如何定义对青蒿素的抗药性,这是在控制疟疾斗争中至关重要的药物。青蒿素与其他药物在"青蒿素联合疗法"(或 ACTs)中结合使用,是有效治疗恶性疟疾的最后堡垒之一,现在可能在东南亚屈服于耐药性;如果确实产生了抗药性,则必须立即采取措施遏制抗药性寄生虫的传播。因此"青蒿素抗性"的定义尤为重要,我们是处在灾难的边缘,还是没有根据的恐惧?

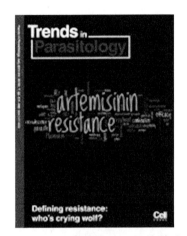

**图3-40　2013年1月1日出版的 *Cell* 子刊《寄生虫学》期刊封面**

2010年3月11日出版的 *nature* 期刊封面图像(图3-41),图上的扫描电子显微镜照片由巴斯德研究所(Pasteur Institute)的奥利维尔·施瓦兹(Olivier Schw-

**图3-41　2010年3月11日出版的 *nature* 期刊封面**

artz)提供,显示感染的淋巴细胞(蓝色)表面上出现了 HIV 颗粒(粉红色伪色)。本次研究报告了实现有效的艾滋病疫苗这难以实现的目标所取得的进展,这对于遏制 AIDS/HIV 大流行和消除 HIV-1 至关重要。①

2010 年 5 月 20 日出版的 nature 期刊封面(图 3-42),描述三维等值面渲染显示恶性疟原虫裂殖子在红细胞中的感染。本期 nature 杂志报道的两组研究人员已经鉴定出数千种能够抑制血液中恶性疟原虫寄生虫生长的化合物,包括许多与现有药物不同的结构和机制。寻找新的抗疟药的研究人员可以免费获得这些化合物的详细信息,这是当前国际上与该疾病做斗争所急需的。

图 3-42　2010 年 5 月 20 日出版的 nature 期刊封面

2010 年 9 月 23 日出版的 nature 期刊封面(图 3-43)描述人类疟疾寄生虫恶性疟原虫的进化起源可追溯到灵长类动物,这可能是一次宿主转移事件的结果。对来自非洲猿类的数千个粪便样本的遗传分析表明,来自西部大猩猩的寄生虫(而不是黑猩猩或黑猩猩中的寄生虫)与人类形态最相关,封面图片就是西部低地大猩猩。

2011 年 2 月 17 日出版的 nature 封面图像(图 3-44)为 2005 年 8 月巴伐利亚南部的 Eschenlohe 村庄,在大雨过后 Loisach 河泛滥之后部分撤离的景象。在观测到的温度和平均降水趋势中已经发现人为活动的重大影响。但到目前为止,还没有研究能够精确给出人体测量结果,并且由于某些天气事件使评估人体反应变

---

① 段小宇:《布鲁氏菌分子标记疫苗株的构建及鉴别诊断方法的建立》,硕士学位论文,吉林大学,2007。

图3-43　2010年9月23日出版的 *nature* 期刊封面

图3-44　2011年2月17日出版的 *nature* 期刊封面

得尤为困难。两个研究小组证明,人造温室气体大大增加强暴雨的可能性和发生洪灾的风险。Min课题组通过比较1951—1999年之间在欧洲和北美洲的降雨来做模拟观测。他们发现,在北半球的许多地区,温室气体的增加对严重的气候事件有显著影响。保罗等科学家利用公共贡献的气候模拟结果表明,温室气体排放量的增加与2000年秋季英格兰和威尔士发生的大规模洪灾危机成正比。

当代社会,全球经济与科学技术高速发展,人类更为关注科技等"器"之发展,但对于"道"之路径,却成为长期以来人文关怀的发展盲点。如何关注人类自身的卫生健康,重建人类与周边生态环境的友好关系,建立完善我国应对突发公共卫生事件与医疗体系等问题,仍然警醒着我们。

## 3.4 突发公共卫生事件图像转向研究

2020年初,Covid-19成为全球性突发公共卫生事件及造成重大危害的传染病疫情、不明原因群体性的疫病以及其他危害公共健康事件。由此产生的艺术创作成为现象级的生产,"新的生产模式是生物学和信息科学的双重革命即所谓的'生控'"[1]艺术图像在极端状态下的转向,表现为艺术家参与对突发公共卫生事件的记录、反思与艺术创作,进行艺术与科学、传播学等学科的合作,此类图像转向是未来艺术图像发展的趋势之一。

### 3.4.1 生物图像转向趋势

芝加哥大学艺术史系教授 W. J. T. 米歇尔(W. J. T. Mitchell)从人工智能等角度研究当代图像,批判的生物图像预示视觉文化的研究趋势。米歇尔在《恐怖的克隆》中指出:绵羊多利与纽约世贸双塔代表重要的历史时刻。世贸双塔是有生命的、接近呈现出人类居住生气的生物图像。多利是一个"生物图像"的象征符号。历史学家尼尔·哈里斯(Neil Harris)认为多利是"活着的图像"。克隆通过复制图像的理念,代表当代创造新有生命的新形象的潜能,是机械与有机的复制。作为视觉形象的"羊",多利是平凡的;作为观念的"羊",多利具有图像转向的趋势,是"生物技术"参与生命构造的进程,是在当代社会、科学技术环境下呈现的生物图像形式。

### 3.4.2 生物图像转向形态

"艺术批评的实质就是审美活动,这种活动是以一系列审美的和科学研究的方式来完成的。"[2]20世纪初,西班牙大部分民众感染流感之后,又逢第一次世界大战,人们的精神在双重打击下接近崩溃。画家爱德华·蒙克留下两幅自画像:《患西班牙流感中的自画像》(图3-45)和《西班牙流感后的自画像》(图3-46)。前者采用蒙克式骷髅图像,他靠近病床,坐在前排藤椅上,眼神空洞,嘴巴张开尖叫,艺

---

[1] Marquard Smith, *Visual Culture Studies* (Los Angeles: Sage, 2008), p. 46.
[2] 田川流:《艺术批评学》,东南大学出版社,2012,第121页。

术家面容是高烧酡红的图像,画面色调呈现蓝绿冷调。两幅图像本身都是对致命的"流感"与世俗的记录与批评,而且在图像表达路径上处于无解状态。

图3-45 爱德华·蒙克《患西班牙流感中的自画像》(1919,布面油画,149.86厘米×130.81厘米,国家美术馆,奥斯陆,挪威)

图3-46 爱德华·蒙克《西班牙流感后的自画像》(1919,布面油画,150.5厘米×131厘米,国家美术馆,奥斯陆,挪威)

2020年3月10日,意大利举国抗疫。此举让人想到欧洲14世纪时的突发公共事件"黑死病"。艺术家由此创作的象征系统和视觉产品相关,第一次让生物图像进入欧洲艺术史的视觉表达之中。历史上威尼斯在每次世界性瘟疫中都受到冲击,因为威尼斯作为世界上最古老的港口城市,人口杂乱,气候潮湿,是病毒的"天堂"。第一个传染医院就建立在威尼斯Lazzaretto岛。

1506年,乔尔乔内创作作品《日落》(图3-47),画中人物为圣洛克和戈瑟德公爵。圣洛克大腿有脓肿,这是腺鼠疫的常见病征;公爵包扎圣洛克的腿部伤病。乔氏为了庆祝威尼斯1505年击退瘟疫蔓延,采用经典的逐层远去的碧蓝色、鱼粉色

图3-47 乔尔乔内《日落》(约1506年,布面油画,73.3厘米×91.4厘米,英国国家美术馆,伦敦,英国)

115

天空渲染手法,画面中既没有狂喜,也没有恐惧之情,只有弥漫于山林、人类之间彼此呵护的一丝温暖和撼动观者的力量,这在中世纪图像中非常少见。

1576年,提香90多岁,他创作的最后一幅作品《圣殇》(图3-48)表现了基督的尸体被从十字架上取下来的时刻。他设计适合教众逐渐靠近观看的视角,想将作品放在圣方济各会的荣耀圣母教堂。中心画面中跪倒的圣吉罗姆形象是提香本人自画像,他的长子和他先后因鼠疫去世,作品后方绘有提香家族族徽。

图3-48　提香《圣殇》(约1570-1576,布面油画,389厘米×351厘米,学院美术馆,威尼斯,意大利)

### 3.4.3　公共卫生事件图像转向路径

历史上突发公共卫生事件激发的视觉表现突出,其图像转向路径具有符号隐喻特征。人类一边承受突然的病毒侵害,一边故意伤害自己的肉体,希望模仿圣人,得到启示抑或救赎。

1)"双层甲板"

基督教修士认为,"指出容貌美是肌肤之美,并认为这句话表达了问题的性质。人体之美毕竟只是肌肤之美,倘若人们能看到肌肤之下的真相,就会发现美女是由黏液和血液、尿液和胆汁组成。倘若我们不愿意用手指头去触摸黏液和污秽,我们怎么有心思拥抱那个肮脏的臭皮囊"[①]。表现直接面对死亡作用于肉体效应的视觉艺术作品称为"转变像"(transi)。16世纪的欧洲,雕塑工匠对照真实的尸体制作石棺上的雕像,将其表现为骷髅骨架或腐烂的肉身。1545年,法国雕塑作品《夏

---

① [荷]约翰·赫伊津哈:《中世纪的秋天》,花城出版社,2017年。

龙的雷内尸体纪念像》(图3-49)将死去的王子雕刻为一具直立的骷髅。王子右手抠进胸口的肋骨,左手举起自己的心脏。

**图3-49 里吉尔·里希耶《夏龙的雷内尸体纪念像》**
**(1547年,大理石,巴勒杜克圣埃蒂安教堂,法国)**

艺术史家潘诺夫斯基提出"双层甲板"(double decks)的雕塑在教堂中通常以侧面图像示人,以便观者观看肉身到白骨的变化:上层躺着肉体,服饰完整;下层是一具无名白骨。历史艺术作品中出现的"双层甲板"符号隐喻中世纪人们面对突发公共卫生事件时的恐慌心理。《约翰·菲查伦的尸体雕像》(图3-50)则表达人类在面对突发公共卫生事件时的无助,渴望将肉体与魂灵交给上帝,以求解脱。

**图3-50 《约翰·菲查伦的尸体雕像》(1435年,大理石,252.5厘米×113厘米×121.5厘米,**
**菲查伦礼拜堂,阿伦拜尔城堡,苏塞克郡,英国)**

2) 军事隐喻

突发公共卫生事件不仅是殖民者东方主义幻想中的恐惧代表,同时具有战胜突发公共卫生事件、彰显殖民者权力的军事隐喻。

1799年,新古典主义画家安托万-让·格罗受命在作品《波拿巴特探望雅法的黑死病军人》(图3-51)中记录拿破仑军队在雅法(以色列)遭遇黑死病的侵袭。画面中的拿破仑用手抚摸染病士兵的身体,送上温暖的问候。远处依稀可见雅法古城墙和法国国旗。然而,事实的真相是:1799年3月11日的造访结束,4月23日,拿破仑建议主任军医给染病士兵每人一份过量鸦片,执行慈悲死刑,这被军医拒绝。显然,世人仍然可以在这幅画作中品出军事隐喻意味。

图3-51 安托万-让·格罗《波拿巴特探望雅法的黑死病军人》
(1804年,布面油画,532厘米×720厘米,卢浮宫,巴黎,法国)

3) 符号象征

中世纪的象征符号即对现实的隐喻。黑死病遍布地中海,欧洲众多艺术家均根据现实发生的突发公共卫生事件,创造一个不能抵制病毒、传播致死率极高的世界末日。"死亡的胜利"是当时艺术创作的主要题材。意大利西西里帕尔马的阿巴特利宫保留着一幅壁画(图3-52):背景是静谧的森林、泉水和云朵,死神骷髅形象骑在一匹骷髅马上,闯入一处奢华私密的后花园。死神用弓箭杀死国王、主教、骑士、小丑、修士、女仆……而另一边的贵族女士、狩猎者还没有中箭,继续在花园里毫无防备地聚会,暴露在死神的弓箭射程之内。作品将现实生活中突发的公共卫生事件隐喻在这场杀戮之中。

图3-52 阿巴特利宫壁画

16世纪,尼德兰画家老彼得·勃鲁盖尔(Pieter Bruegel the elder)的作品《死神的胜利》(图3-53)充满写实主义细节与超现实幻想,展现一只庞大的死亡骷髅军队入侵陆地、海洋、丘陵与城堡。通过表现骷髅过境的景象,以天灾亡灵军团的象征符号,隐喻当时的尼德兰黑死病瘟疫。画家通过将象征死亡的符号运用在视觉作品中,表现黑死病为中世纪带去的恐惧、绝望,具有反讽意味。

图3-53 老彼得·勃鲁盖尔《死神的胜利》(约1562年,木版油画,117厘米×162厘米,普拉多美术馆,马德里,西班牙)

### 3.4.4 公共卫生事件图像可视化传播

突发公共卫生事件一直与人类社会并行发展,人类发明对付疾病的新方法,生命观发生改变,国家建立捍卫生命与健康的新机制,同时也为艺术家提供与时俱进的创作来源。当代以及未来科学图像可视化是一个主要趋势。

例如,2020年2月10日,美国结构生物学家大卫·古德赛尔(David Goodsell)发表水彩作品(图3-54),表现冠状病毒刚进入肺部的结构。最外层S突刺蛋白像紧密排布的花瓣,"花蕊"中则藏有大量RNA,与宿主细胞相遇后彻底"开放"。画

图3-54 大卫·古德赛尔《冠状病毒结构图》(水彩,2020年2月10日)

家在细胞可视化过程中,参考 SARS 病毒数据,用明快的色彩直观地绘制生物图像,为分子上色。显微镜下的实体显示不出极小的分子颜色,而深浅不一的色彩则凸显结构与画面的深度,让平面的生物图像具有纵深感。

2011 年 10 月 27 日出版的 *nature* 期刊封面图像(图 3-55)表现 1987 年在老皇家造币厂遗址的挖掘,重建鼠疫基因时,使用最新 DNA 技术。该病毒是 14 世纪席卷欧洲黑死病的罪魁祸首。这组基因组是从伦敦东史密斯菲尔德皇家造币厂遗址的一个大型公墓出土的 4 具人骨骼中提取的总 DNA 拼凑而成,1348 年和 1349 年共埋葬 2000 多名鼠疫受害者。基因组序列草案与现代鼠疫菌株没有实质性区别,无法回答为什么黑死病比现代黑死病暴发更致命的问题。

图 3-55　2011 年 10 月 27 日 *nature* 封面

1) VR 可视化传播

公共卫生事件在全球范围内爆发,随之而来的网络信息共享与更新速率也会加快。对抗病毒扩散有新思路:通过专业的 VR 形态模拟科学实验,为规避下一次突发公共事件的来临与应对做出科技贡献。

冠状病毒 Covid-19 暴发后,移动世界通信大会(巴塞罗那)、游戏开发者大会 GDC(旧金山)、Facebook F8 大会(圣何塞)等大型会议都宣布取消。多个技术平台投入对 Covid-19 的阻击战,比如斯坦福大学开发的分布式计算项目 Folding @ Home(FAH)致力于对其潜在药物靶标结构的研究,阿里巴巴的新 AI 系统加入对冠状病毒的高效检测，瑞士的 Demiurge AI 则通过分析病因给出最佳治疗策略。这款可以免费打的游戏叫作 Foldit，而用来阻击 Covid-19 的任务全称为"1805b：冠状病毒突刺蛋白结合剂设计"，这种冠状病毒与 2003 年 SARS 病毒类似。最近几周，研究人员已经确定 2019 年冠状病毒突刺蛋白的结构，以及它如何与人类受体结合。

主链结构和大多数的侧链是完全冻结的，玩家了解冠状病毒突刺蛋白结合位点在游戏中的位置。除了位于结合位点的侧链，突刺蛋白通常就在此处与人类受体蛋白相互作用。玩家为了结合冠状病毒靶标，需要在这个结合位点上设计出能与突刺蛋白进行大量接触、和氢键结合的结构。同时也需要有许多二级结构（螺旋或片）和一个大的核心，使它们折叠正确。

2019 年，Science 期刊再次以"公民科学家设计的新蛋白"为标题报道 Foldit 的新进展，它已不仅限于对已有结构的修补，而是有了更强大的功能和更成熟的机制，开始让玩家设计一个科学的、稳定折叠的蛋白质。3 月 3 日，在呼吁视频中出镜的 Foldit 科学家 Brian Koepnick 接受《科学家》杂志的采访时表示，他们的目标是针对 Covid-19 的药物开发，希望发现一些结构去做动物试验甚至人体临床试验，争取找到 Covid-19 的克星，为下一次大流行做好准备。

2）人类命运共同体

人类只有一个地球，各国共处一个世界，2012 年 11 月中共十八大明确提出要倡导"人类命运共同体"意识[①]。突发公共卫生事件对人类生存构成挑战，我们应形成战胜突发事件的统一价值观念。例如，2014 年 9 月 10 日 Science 子刊 Translational Medicine 期刊封面图像（图 3-56）展示卫生工作者在乌干达的一个野外哨所给村民注射脑膜炎疫苗。该期 Translational Medicine 特刊中的一系列文章探讨全球健康的不同方面，包括疫苗开发的进展和挫折，抗击埃博拉病毒和其他新兴病毒感染的策略，用于医院现场诊断的光学成像技术的开发领域和诊所。在全球信息化的今天，将疫苗的开发进展以及其他有利于应对公共卫生事件的信息公之于众，不仅使得公众在危机传播中的信息需求得到满足，还能将公众的声音扩向社会各界，从而完善公共卫生防御机制。

---

① 见人民网 2012 年 11 月 11 日十八大专题报道《中共首提"人类命运共同体"倡导和平发展共同发展》。

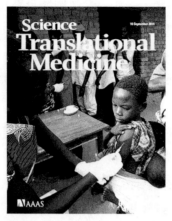

图3-56　2014年9月10日 Science 子刊 Translational Medicine 封面

2020年3月21日出版的 The Lancet 期刊封面图像（图3-57），展示了伴随全球范围爆发的 Covid-19 公共卫生事件，非洲国家刚果共和国从抗击埃博拉病毒迅速转移到新冠病毒的应对工作。刚果共和国位于非洲大陆中部，一旦新冠疫情在刚果暴发，非洲大陆将面临不可预测的风险。

图3-57　2020年3月21日 The Lancet 封面

封面图像运用一只手将刚果从非洲大陆版图剥离，其底部仍有埃博拉病毒的残余，表明现阶段刚果尚未完全摆脱埃博拉疫情，也表明刚果的疫情防控对整个非洲大陆至关重要。采取图文结合的封面设计，一方面能对封面图像内容进行清晰阐释，另一方面借助"名人效应"引起读者重视，吸引读者深入了解非洲国家抗击埃博拉疫情现状和当地卫生保健系统建设情况。在视觉效果上，期刊封面体现出理想化、拟人化的设计风格,表现出非洲抗击疫情的脆弱性和严峻性。

### 3.4.5 小结

21世纪是图像的时代,"21世纪初的图像转向是生命图像转向,这意味着当代社会的生产方式已经更新换代到生控复制范式。"①图像带给大众巨大的冲击力。这种冲击,不仅是对旧有文化形态的冲击,也是人类思维范式的转向,即从价值转向意义。以往的图像是物与概念的附属图解;然而,当遭遇公共卫生事件时,"突发公共卫生事件的网络舆情若没有得到科学的监测、分析及引导,不仅会给社会经济造成严重影响,还会导致公众产生恐慌、焦虑等负面情绪"②。而图像在科技与影像的语境中,则以符号的方式表征意义,链接视觉、文化、话语与比喻之间的图像文化内涵。

因此,探索当代人类面临突发公共卫生事件时独有的视觉经验阐释模式,并找出解决这一困境的发展路径至关重要。

---

① 孙恒存:《图像转向中的生控复制和生物数字图像——论W.J.T.米歇尔的图像生产理论》,《汉语言文学研究》2013年第4期。
② 高旭东等:《网络舆情视角下的突发公共卫生事件分析》,《武汉轻工大学学报》2019年第6期。

# 第四章 公共艺术的科学语境

## 4.1　医院公共艺术康复功能

运用艺术原理,从创建地标型公共艺术、互动式公共艺术等方面,建构静态与动态的医院公共艺术,以此启发中国医院公共艺术的创新,提升医院公共艺术对病患康复功能的作用。

公共空间环境对人类疾病的影响具有重要的作用。医院公共艺术不仅仅是艺术,更是结合医院的空间、建筑物形态进行创作的艺术活动。医院应用公共艺术的积极作用主要表现在:通过艺术设计,创造出患者感到舒适的治疗环境,促进患者大脑分泌 β-内啡肽(β-endorphin),产生快乐情绪,抚平患者身心方面的痛苦,发挥艺术治疗的积极效能。医院公共艺术的雏形是中世纪时期的英国医院,他们设置自己的教堂,并在教堂里悬挂绘制上帝形象的油画作品,让病患在教堂里祷告,促进病患身体与情绪的恢复。严格来看,这样的医院公共艺术并不具备独立的审美意味。这就要求现当代艺术设计者将整体的设计理念融入医院的公共空间之中。

1984 年,美国得州大学 Roger Ulrich 教授在 Science 杂志上发表论文,开创性地提出医院的公共空间环境对于患者消除疾病、恢复健康具有重要作用。Roger Ulrich 教授整理出 46 位在宾州医院进行胆囊切除的患者,他们在留观室中等待麻醉时,因为所处位置的不同,一半患者可以欣赏到窗外绿树成荫的风景,另一半则对着一面砖墙发呆。实验处理了不同患者的年龄、身高、体重等数据,并进行跟踪调查后发现,欣赏窗外风景的患者在恢复时间、使用麻醉剂、术后副作用等方面均较后者理想。这个实验说明：医院的公共空间环境对于患者恢复具有重要的作用。积极地创造医院的公共艺术，对于患者生理和心理的恢复都极为重要。

### 4.1.1 医院公共艺术分类

在医院中设计艺术作品和艺术活动，可以减少患者对于陌生的医疗环境的恐惧，也能提升医务工作人员的工作兴趣。医院的公共艺术可以按照功能分成两个种类：地标式公共艺术、互动式公共艺术。

1) 地标式公共艺术

医院的地标式公共艺术一般为在医院的公共空间，例如走廊、家庭病房摆放的雕塑、绘画作品，将医院的地理环境以造型、色彩等视觉形式，展示给患者。例如，纽约儿童医院的临床大楼艺术设计理念为童话故事书，配合各楼层制定的不同主题，将童话书中的台词与画面节选后放大，装饰病房的空间。在每个病房门口都有儿童绘制的图画作品，富有童趣的绘画，能给儿童患者提供舒适、有趣味的环境。这种医院公共空间具有艺术主题、人性化的特征，是一种新型公共空间的创意。

2013年，纽约摩根士丹利儿童医院用卡通海盗主题的CT扫描仪，为幼儿病患检查身体（图4-1）。儿童患者在一块形似甲板的床板上躺好，被传送入船舵圆口处，接受扫描器检查。活泼的动物海盗图案装饰了扫描仪内部四周的墙壁，使整个检查的过程好像一场生动的儿童探险，无形中减轻了幼儿的生理病痛，并在公共医疗空间创造出愉快的就医氛围。

**图4-1 纽约摩根士丹利儿童医院海盗卡通CT扫描空间设计**

再如，加拿大埃德蒙顿斯托雷儿童医院（Stollery Children's Hospital）是一家提供全面服务的儿科医院，拥有独特的物理设计和护理方法（图4-2）。

**图 4-2 加拿大埃德蒙顿斯托雷儿童医院走廊公共艺术**

医院专门为幼儿及其家人预备舒适的等候空间(family room),房间内设沙发、油画作品、各类幼儿玩具、运动器材、计算机,并附有厨房,方便幼儿与家人在等候时间使用。医院深谙明亮生动的色彩对于幼儿病患的康复能起到积极作用,将医院入口处的长廊设计为蓝天白云与鲜亮的彩虹。因此,当入院的儿童一进门就看见色彩鲜艳的彩虹,就会联想到温馨与爱,从而产生愉悦的情绪,这对其生理、心理方面的康复具有积极作用。

2) 互动式公共艺术

医院邀请艺术家为患者提供可参与的一些艺术活动,如在患者床边进行肖像画创作、与患者跳舞、与患者共同欣赏音乐、进行小丑表演等,让患者参与,患者自己也可以进行艺术创作活动,是为患者提供抗压的艺术活动方法。

例如,加拿大埃德蒙顿斯托雷儿童医院在医院的公共空间设置了加拿大最大的医院娱乐世界——Jolly Trolley,内有 LCD 电视、十多个索尼 PS3 游戏机和超过 25 套蓝光电影。这些设施能够帮助患病的幼儿忘记病痛,如同在自己的家一般,舒适地看电影和玩游戏。此娱乐中心为生病的儿童带来了积极有趣的影响。

再如,我国台湾地区亚东医院 2014 年下半年起,举行了持续一个半月的系列音乐会,邀请亚东技术学院的社团老师与学生到医院演出,以不同的形式展现人文关怀。南京市鼓楼医院环境舒适,大楼建筑具有现代设计感,大厅放置钢琴,悠扬的音乐,以及星巴克咖啡的飘香,为患者营造了一个相对轻松的场域,使前来就医的民众感受没那么紧张,可以舒缓身体与情绪上的不舒适感。

## 4.1.2 医院公共艺术功能

"艺术化陈设品的欣赏同样能使人获得极大的心理满足,有利于不良情绪的转移,缓解病人疾患,促进病人康复。"①19世纪末,护理大师弗洛伦斯·南丁格尔(Florence Nightingale)让患者欣赏不同的色彩,以找出治疗的方法。

1) 选择功能

抽象艺术对于健康的人来说,是浪漫、有趣、具有想象力的;但对于身患疾病、情绪不稳定的人来说,可能产生负担。1999年,美国得州大学 Roger Ulrich 教授与 John Elting 教授、瑞典乌普萨拉大学的 Quti Lunden 教授在 Journal of the American Medical Association 上发表论文,研究内容为抽象艺术作品对患者恢复的影响。科学家将160位心脏病患者随机分为6个小组,将不同艺术风格的作品放在患者的病床前,观察他们醒后看见艺术作品的第一反应。这6组作品分别为湖泊、森林、曲线、方格线、纯白色、没有图案的画框。实验记录分析6组患者的心跳、血压等数据后得出结论:观看第一组湖泊的患者,心情愉悦,在手术3~4天后,可以停止注射吗啡;观看第二组森林的患者,心情较为焦虑,手术5天后,仍在注射吗啡,以抑制疼痛感;观看第三、四、五、六组抽象艺术作品的患者,心情非常焦虑,手术后注射较多的吗啡,难以抑制身体的疼痛感。

由此可见,抽象艺术作品不利于患者恢复身体,不适合放在医院的公共空间。"空间色彩的面积比例,关系到空间的舒适度和可识别度,它的提示性较强。"②这就是很多国内的医院使用粉红色、淡绿色粉刷医院公共空间的环境的原因。这些都是应用色彩对患者进行艺术治疗的初级手段。

2) 康复功能

医院中优美的公共艺术无法治疗疾病,但它至少具备心理抚慰与康复功能。同时,我们鼓励国内的医院应用艺术建设公共空间;同时,鼓励患者在公共空间创作,美好的图案与色彩能够缓解患者负面的情绪。

### 4.1.3 结语

西方医院很重视医院公共空间的艺术创作工作,他们认为艺术的美感对于患者心理以及辅助治疗的作用非常大。"医院愿意设置公共艺术,显现出医院的经营

---

① 沈晓东、奚纯:《当前医院室内公共空间设计的艺术化倾向探讨》,《山西建筑》2008 年第 14 期。
② 姜晓丹:《北京新世纪妇儿医院儿童楼室内色彩设计》,《中国医院建筑与装备》2012 年第 12 期。

理念与眼光,重视创造人性化的环境,而不只是汲汲经营于每坪空间(1坪≈3.3平方米——笔者注)所能产生的直接经济效益,这使得人们对医院的理念产生信赖感。"①

设计师可以在医院的公共空间布置令人舒适的色彩,播放具有娱乐性和趣味性的背景音乐,建设艺术画廊、缓解儿童不安情绪的"家庭病房""游乐园"等,体现当代医院公共空间设计的艺术化。

## 4.2 基于生态语境的公共艺术发展趋势

从哲学层面,生态公共艺术是生态思维、生态世界观和生态伦理学等文化观念的产生物;从美学角度,生态公共艺术是生态美学的产物。生态公共艺术具有可持续发展、可循环性、加工过程对环境友好、振兴地方文化产业的特征,充分体现了生态文化与公共艺术的共享。

在公共环境中,通过各类形式展示,受到公众认可的艺术样式称为公共艺术。其类型包括公共建筑、公共雕塑、公共壁画、公共设施、环境艺术等。"'生态艺术'并不是新名词,而将'生态+艺术'整体看待,甚而将'生态+艺术+公共艺术'整体看待,却是1980年以后才逐渐发展成型的,惟在文献上却仍未有真正'生态的公共艺术'此专有名词之出现。"②生态公共艺术是生态学与公共艺术的有机结合体。它包含人类与自然、人类与社会、人类自身的生态审美关系。因此,生态系统中存在的审美问题,亟待我们重视并研究。"生态文明的产生是人类对长期以来主导人类社会的工业文明的反思成果。"③18世纪以来,西方社会的科技、经济、人文方面发展迅速,由此推动现代公共艺术的理念发展,强调公共艺术的生态化。19世纪50年代,西方生物科学家将生态学定义为生物有机体与外部世界、生存条件之间产生关系的科学。20世纪50年代,面对社会环境、资源、气候等问题的现实挑战,生态学的外延扩大到包括人类的生产、生活、消费等在内的社会过程。而后将人类与其他生命体放置在一个有机系统,形成广义的生态学定义。"作为社会公共活动

---

① 陈惠婷:《心灵门诊:医院的公共艺术》,台湾"文化建设委员会",2005,第16页。
② 郭琼莹:《自然制造——生态公共艺术》,台湾"文化建设委员会",2005,第13页。
③ 潘宇:《生态文明视角下当代公共艺术刍议》,《作家》2012年第8期。

之一的公共艺术,在生态危机日益频繁之时,被赋予了缓解生态压力,甚至解决生态问题的价值。"[①]公共艺术原创者除了要承担保护生态环境的任务,还要承继文化艺术的发展,由此形成公共艺术的生态发展及其社会审美特性。因此,在当代公共艺术实践活动中,自然、平衡、和谐的发展与城市文化以及艺术品质相统一是生态公共艺术的发展趋势。

公共艺术的主题大多表现出对环境的关怀、对生命状态的关注、对生存环境的思考,因而被称为生态艺术。生态学原理是当代公共艺术、大地艺术创作时的核心理念,并且上升到哲学的高度。在具体的艺术创作方面,则体现出文化差异性与文化价值观。

### 4.2.1 公共艺术与生态学本质意义的共同属性

1) 存在方式相同

公共艺术和生态学是多元的、跨学科的、动态的、可持续发展的学科。它们的存在方式即对象性也具有相同之处。公共艺术以人类活动、自然生态环境为对象,以公众参与为主要方式,引导人与环境实现其本质意义。生态学以人为主体,从更为广泛的角度研究人和生态环境。生态学与公共艺术的学科交叉研究可以族群抑或是边缘族群的艺术审美形式作为研究对象,挖掘其背后的生态审美内涵。进而言之,生态美学可以和人类学、民族学共享研究对象。

2) 公共艺术和生态学都具有多元性

公共艺术的生发环境是多元的,由多个交叉学科构成:美术、音乐、电影、文学、哲学、语言、物理、数学、天文、地理、化学等学科。公共艺术的载体、艺术范式、记叙方式也是多元的。生态学则在表征形式、系统观念表征方面都具有多元性特征。生态学发轫于人们对于"西方文化殖民"的不满,试图消解"人"与"自然"的二元对立模式,创建向"生态"的"复魅"。在此过程中,多种新兴交叉学科诞生,例如生态美学、生态哲学、文化生态学。发展至当代,公共艺术与生态学都是具有时代意义的多元学科体系。

---

① 张苏卉:《艺术介入生态——公共艺术的生态观》,《文艺评论》2013年第1期。

3) 公共艺术和生态学都具有对话性

公共艺术和生态学本质都是在进行一种对话,即相互讲述的过程。生态学本质上是物种之间和谐的循环关系,对话的概念具有广泛性。公共艺术是以某种符号材料表现出来的,具有一定意义的艺术对象。当这种对象为视觉感知呈现时,对话关系就存在了。

随着社会、科技、经济的发展,社会对生态公共艺术的需求有了新的转向:不再是追求艺术创作的自由主体性,而是要求零排放、融入环境,并与环境、人产生良性互动,从而实现艺术与社会发展的共赢。生态公共艺术是在大自然系统中,不同生态特征、生态现象能呈现出的具有艺术内涵与实际含义的形体或现象。

### 4.2.2 生态公共艺术的特征

1) 可再生性

当代,伴随工业化的发展,公共艺术利用资源领域善用生态设计理念,指引现实操作。许多场地、楼房等被拆除,造成大量的资源浪费和环境污染;众多历史遗迹、文化风俗也逐渐消失。如何将这些废旧资源进行再利用,是当下生态公共艺术亟待解决的问题。徐冰创作的《凤凰》是用商场建设过程中遗留下来的建筑垃圾制作出来的具有中国意象的凤凰图案。

第七届卡塞尔国际当代艺术展的第一天,在弗里德里希广场上,艺术家博伊斯种下第一棵橡树,并将作品命名为"7000棵橡树"。之后,他不幸去世,他的夫人与儿子完成了种下第7000棵橡树的壮举,为卡塞尔建造了一座可以生长的生态雕塑,在世界范围内唤起保护生态环境的意识。

2) 可循环利用性

当代欧美艺术家有的选择将生态观念、工业化技术应用在广阔的室外空间。美国Tonkin Liu公司设计的艺术作品——大型公共雕塑《未来之花》,位于英国墨西河边,作品用镂空金属片编成花状,自身高4.5米。钢柱上固定风力涡轮,120片穿孔镀锌软钢花瓣内部包含60个由风力提供电能的LED照明灯。当自然风速超过5英里每小时,灯光的亮度就会逐步增强,远处看作品形成红色的光芒。作品在晚间取得具有视觉冲击力的效果,还突出了与环境互动的主题。可见,具有生态特征的公共艺术还应符合系统的工程标准与公共审美标准。

3) 可持续发展性

耗资巨大的生态公共艺术毕竟不是一场吸引观众眼球的露天表演,而是必须具备可持续性与实用性,实现价值最大化。公共艺术在保护自然环境、满足人们审美要求和生活水平方面,担负着一定的社会职责。从园林环境设计、绘画艺术作品中,可以感受到人类对延续美好的生活环境,以及与自然相互联系的执着追求。例如,弗朗索瓦·沙因在纽约一条普通的街道上创作的"纽约地铁图",就是有趣、生动的公共艺术,具有简洁、有机融入整体环境,同时又能给大众的生活带来便捷的优点。

4) 加工过程对环境友好

公共艺术创作者有责任和义务以作品为媒介,在艺术品中呈现对环境友好的理念。例如,延长作品的使用寿命、对材料或结构进行拆卸与重组,关注艺术作品可循环再生的艺术形式,以及在使用时对环境的保护与影响,从而使得公共艺术获得再利用价值。例如,2010年上海世博会中意大利馆的创建理念,即从节能减材出发,运用大量新环保技术,将整个会馆建设成为一个拥有生态气候调节功能的建筑物,会馆的玻璃墙不仅能遮挡阳光照射,还可以产生更多的电能,节约资源。生态公共艺术作品首先在材料开发过程中要善待环境,在落成后还要具有生态审美价值。例如,目前工业界认可的生态环保材料——石材,在加工过程中的切割、打磨等环节,会产生大量粉尘,影响工地空气质量,还留下大量边角料得不到利用。

由此可见,评价公共艺术生态材料是否可持续发展,还要重视其处理工艺过程:作品加工的环境和落成地的环境应得到同样的对待。

### 4.2.3 生态公共艺术发展形态——"禅"生态艺术

"少即是多"——一些艺术作品应用这个创作理念,尽可能采用对自然影响小的做法,进行公共艺术创作。在生态学的语境下,根雕、竹雕、植物园艺等类自然生态雕塑,出现在公共区域内,它们都可称为生态公共艺术。"人要爱自然万物,回归大自然,追求与自然的和谐一致。"[①]例如,中国文化艺术体现人性与自然共生的理

---

① 彭修银、张子程:《东方美学中的泛生态意识及其特征》,《中南民族大学学报(人文社会科学版)》2008年第1期。

念,反映的是"天人合一"的精神理想。他们重视自然的存在,对人类入侵自然的造景方式进行修正。中国艺术家傅中望为表达他对当前大肆开采地下资源、破坏自然环境行为的质疑与谴责,创作了《以守为攻》:为大地安装两扇大门,并且加上一把锁,好像要把大地封存起来,避免其被肆意开采,造成资源匮乏。美国艺术家罗伯特·史密森在犹他州盐湖区,创作公共艺术作品《螺旋防波堤》,号召艺术远离赞助商和人群。他以石头和结晶盐,在盐湖区建筑1500英尺(约450米)长的堤岸,自然界景色的变换、时间的推移,都成为作品的一部分。公共艺术设计过程中对自然生态的尊重,应用天然的材质创造质朴的生活环境,确保生态环境的良性循环,减少自然物资的损耗,改善或修复人类的生存环境,这些都体现出公共艺术对城市自然生态的综合考虑。

### 4.2.4 未来发展趋势

"生态艺术并非一拘泥的风格流派,生态的观点将艺术放在一个较大整体和关系的网络中,使艺术与存在的整合性角色做一个连接。新的重点植基在社群和环境而非个人获得与成就。生态的看法并没有取代审美的观点,而是给艺术功能一个深层的解说,在画廊与美术馆系统之外给艺术一个新的意义和目的,以便深入讨论在审美模型中极度缺乏的关怀以及脉络和社会责任等的议题。"[①]公共艺术和生态学都展现了生态平衡的结构关系,二者都以社会和科技发展为依据而发展。科学技术在公共艺术和生态学科建设中具有明显的价值取向,二者均将自然生态环境、自然社会环境的平衡作为发展方向。

"生态公共艺术不仅是表现生态主题,也不仅是以生态材质进行创作的公共艺术,而是指公共艺术应该具有广阔的、更为自觉的生态性视野与生态性思维,充分植根于其所处身的生态性场域。"[②]艺术作为人类精神活动的表现形式,充分意识到尊重、爱护自然,并通过不同的艺术形式传达这个观念非常重要。公共艺术和生态学都以建立自然生态为发展方向,以关注自然的平衡可循环的动态关系为理念,希冀在未来一些具有美感的生态公共艺术作品能走进公共环境之中。

---

① 周灵芝:《生态永续的艺术想象和实践》,南方家园文化事业有限公司,2012,第18页。
② 王新:《生态公共艺术的形态、特征与构建》,《公共艺术》2010年第6期。

# 第五章 新时代讲好中国故事

第五章　新时代讲好中国故事

　　习近平总书记在十九大报告中提出,要"加强中外人文交流,以我为主,兼收并蓄。推进国际传播能力建设,讲好中国故事,展现真实、立体、全面的中国,提高国家文化软实力"①。随着"一带一路"建设的不断推进,习总书记提出的"坚定文化自信""讲好中国故事"这一理念,在"一带一路"相关国家的文化建设任务中彰显出了重要的指示作用。新时代如何"讲好中国故事",这是以社会主义为主旋律的马克思主义大众传播学亟待探索的话题。

## 5.1　讲好中国故事的时代背景

### 5.1.1　我国"一带一路"倡议构想

　　2013年秋季,习近平总书记在访问哈萨克斯坦、东盟时先后提出两大议程设置,初步形成"一带一路"倡议构想。

　　"一带一路"倡议构想不仅仅是对"和平、发展、合作"时代精神的大力响应,同时也是对民族传统文化"丝路精神"②的传承。新媒介的产生、新兴传播技术的发展以及中国国力的日益昌盛,都为中华文化的海外传播提供了有利条件。此外,

---

①　《习近平:决胜全面建成小康社会 夺取新时代中国特色社会主义伟大胜利——在中国共产党第十九次全国代表大会上的报告》,共产党员网,http:www.12371.cn/2017/10/27/ARTI1509103656574313.shtml。
②　习近平:《开放共创繁荣 创新引领未来——在博鳌亚洲论坛2018年年会开幕式上的主旨演讲》,《思想政治工作研究》2018年第5期。

"一带一路"倡议构想提倡顺应时代的发展趋势,采用兼收并蓄、求同存异的交流方式,积极促进国际多方人文经济交流,为中华文化实现跨语境传播贡献宝贵经验。

1) 全球文化传播新态势

20世纪初,大众媒介由原先单渠道、单向度的信息传递方式,逐渐演变为高度差异性的传播模式。在新时代,"新媒介"(New Media)作为一种与传统主流媒介迥然两别的信息传播体系,其数字化技术特征使其信息传递更为快捷方便,同时也被大众广泛认可。"新媒介"的核心技术在于信息传播技术(Information and Communication Technology),通过数字化,所有文本能够被压缩成为二进制元编码,在传播中通过相同的生产、分配和存储过程来实现高效的信息传递流程。在此之中,"互联网"是备受关注的"新媒介"形式之一,包括网络新闻、广告、论坛、万维网、信息检索和具备潜在社区形式的使用方式等多种公共活动。新媒介在为大众生活提供高自由度、高效率化的生活方式的同时,也同样呈现出在文化传播方面不同往日的潜在特质。

2) "大众受众"到"小众受众"

现如今传统主流媒介组织在传播过程中的主导地位已被撼动,民众意识与社会地位的提升,使得"大众"一词含义今非昔比,单向度特质不再适用于新媒体时代的媒介形式。新媒介一方面提供了高度差异化的文化信息与观念,另一方面使信息的多方传递与互通成为可能,其互动性特质给传播过程带来了颠覆性的影响。加之"新媒介相较于传统媒介成本更低、速率更高、更具自由性,这些优势迫使传统媒介逐渐退出历史舞台"[1]。大众在地位、能力、意识等多方面的提升,使传播渠道和平台发展速度更快,分类更为细致。故此,"'大众受众'概念逐渐消亡,取而代之的是更多小规模的、'专业化'的受众"[2],也即"小众受众"。传统主流媒介也不再承担传输领导人物下达的政治指令这一职责,而是逐渐形成了流动性特征,在公共领域与私人生活、传播主客体之间更加追求表达公众诉求、体现公民自由意志的可能性,为构建现代社会的公共领域谋求多样化的发展路径。

---

[1] 刘国武:《从传播学角度看马克思主义大众化——评〈传播视域下的马克思主义大众化〉》,《高教探索》2018年第8期。

[2] 麦奎尔:《麦奎尔大众传播理论》,崔保国、李琨译,清华大学出版社,2006,第41-51页。

3) 新媒介传播的"后现代"特质

由于新时代传播技术应用和形式的不确定性,新媒介的发展受到一定程度的阻碍,尽管计算机在信息传播中的应用已经造就了无可估量的可能性,对既有传播模式造成极大冲击,然而仍未能够取代传统主流媒介的主导地位。博斯特米斯等人将计算机描述为一种"非常不具有专一性"的传播技术,因为新媒介传播的多样性及发展未来中存在的各种不确定性,导致新媒介本身特质难以评定。列文斯通针对此现象,将新媒介传播看作是"大众媒介的延伸而非取代,其中传送者与接收者角色在传播过程中的界限逐渐模糊"[1],新媒介在传播过程中呈现出区别传统主流媒介的"后现代"特质,体现在各项传播元素的质变上。

4) "地球村"中传播媒介的双重身份

麦克卢汉(Marshall McLuhan)针对传播学(尤指大众传播)的发展曾提出"地球村"概念[2],与马克思主义大众传播理想前景不无干系。由于传播技术发展与大众意识提升,文化传播国际化进程被不断加速,而媒介在此过程中具有对象与作用者的双重身份,因而它在这一进程中至关重要。

在旧媒体时代,世界各国主要分为东方共产主义与西方自由市场主义两大阵营。老牌资本主义国家在政治和经济方面具备绝对的主导力量,因而其可以通过控制传统媒介左右社会舆论风向,进一步监管和控制文化传播过程。早期新闻、电影等行业的主导权被控制在少数几个大国手中,这导致了"文化帝国主义"[3]局面的出现,而在传播领域同样普遍存在这种单向的文化输出与文化殖民的现象。

然而在经济政治格局多方影响下,以互联网为代表的新媒介变得类国际化,各种跨国、跨文化媒介发展逐渐系统化。全球范围内媒介体系变得越来越相似,国家的界限将被模糊,传播环境变得愈加自由。国际传播在没有全球性政府体系干扰之下,发展必然不受传统媒介的系统模式的干预。虽然存在国际公约性质的规范性条款,但由于不存在强制力保证实施,全球性大众传播发展势如破竹。

---

[1] Livingstone S,"Young People and the New Media: On learning lessons from TV toapply to the PC," *Réseaux the French Journal of Communication* 7, No. 1(1999):59-81.

[2] Golding P & Harris P, *Beyond Cultural Imperialism*, 1997.

[3] Sreberny-mohammadi A, Ross K,"Women MPs and the Media: Representing the Body Politic," *Parliamentary Affairs* 49, No. 1, 1996:103-115.

在新媒体时代,发达国家垄断文化传播的格局被打破,原本传播主客体之间信息不对等的传播模式已经难以维持,资本主义体制下的媒介优势逐渐被削弱,所谓"文化帝国主义"的既得利益者已然无法继续获益。伴随"文化认同"现象[①]愈演愈烈,许多小的或富裕的国家率先跳脱出文化殖民的范围,在维持已有国家文化发展的同时,得以通过全球性的大众传播进行文化观念输出,享受新时代信息社会带来的优势传播福利。

### 5.1.2 讲好中国故事的理论背景

迈进新时代以来,伴随着传统缓慢的乡村式生活逐渐转型为近现代高新快速的城市生活,大众传播学转至探究"大转变"中个人主义与集体意识变迁引发的问题,Tönnies、Weber、Spencer 等社会学学者的思想形成了关于传播与社会整合的关系理论的早期框架。尽管大众传播研究早期倾向于关注负面社会事件影响(个人犯罪、人性退化、集体信念丧失),但其对现代传播体系构建做出的贡献不可小觑。

1)"通信数学理论"与 5W 模型

1949 年,C. Shannon 和 W. Weaver 首先提出"通信数学理论"中的"Shannon-Weaver 模型",又称"传播过程的数学模型",加之拉斯韦尔(Harold Lasswell)的 5W 模型,大众传播学初具规模。在他们的理论模型内,大众传播作为主要通信方式之一被寄予厚望。实际上,大众传媒依赖 20 世纪兴起的传播媒介力量,确实充分延伸了大众传播的作用范围,受到大众的高度重视。

2) 5W 模型概念转型

5W 模型,简言之,即为构成传播的五项元素:传播主体/传播者;传播内容;传播方式/传播渠道;传播客体/传播受众;传播效果。任何传播活动都由这五种要素共同合作完成。在新媒体时代,这五种要素发展出了新的内容与特点,5W 模型的概念也需要做出契合时代的新的阐释。正如传播学学者赖斯所言,生产者、分配者、消费者、出版者与评论者间的差异不再清晰。新媒体时代大众传播在传播基本

---

① Schlesinger P,"On National Identity: Some Conceptions and Misconceptions Criticized," *Social Science Information* 26, No. 2, 1987:219 - 264.

构成要素的五个方面都体现出了异于传统媒介的鲜明特质。拉斯韦尔经典的5W模型在新时代时期呈现出的新兴特质有效促进了马克思主义大众传播事业的发展,具体如下:

(1) 传播主体开放化

传统主流媒介组织不再独占话语权,越来越多自媒体的出现使传播主体得以呈现去中心化特征,其范畴普及民众。一方面,获取公众认知的条件并未发生变化,传播主体如何享有盛名同样依赖对新旧媒体机制的协调处理;另一方面,旧媒体时代媒介组织的单向传播关系被颠覆,多元化、开放化的信息来源带动新型连锁性传播的出现,旧传播体系下传播主客体的线性化关系逐渐消失,传播主体范畴被进一步拓宽。

(2) 传播内容碎片化

传播内容方面,新媒体较之旧媒体,有着多元化、自主化、个性化、信息对等化等多方面突破。新媒体对于文字、图像、影像、音频等媒介形式的整合能够有效满足受众对信息多元化与互动性的需求,传播内容的扁平化特征同样显露出新媒介的显著优势,为传播主体进行自主选择提供优秀的平台与条件。传播门槛的降低使传播内容呈现高度的碎片化、自由化与泛娱乐化。

(3) 传播方式数字化

传播方式方面,新媒体时代的高新传播媒介技术促进新型的传播体系与媒介框架构建完成。时下多种新媒介以其各自的传播媒介特性,带来了传播方式与渠道的数字化、多元化。多种媒介形式的整合催生出多类复合传播方式,同样为传播方式的转变提供了切实可行的技术基础。新兴媒介以数字传播方式进行信息作业,为传播流程提供了极大的便利性与可操作性。

(4) 传播受众民主化

传播受众方面,由于信息来源与信息供应对象之间关系的自主性与平等性趋势,传播受众接收传播内容更为自主化、多元化、平等化。列弗柔(L. A. Lievrouw)认为"新媒介具备典型私人化属性"[①],由于新媒介聚焦于使用和意义的私人化属

---

[①] Leah A. Lievrouw, "The Next Decade in Internet Time," *Information, Communication & Society* 15, No. 5, 2012.

性,打破了受众群体的个体差异与能力限制,成为一种可以进行自我选择的全新意义上的个体,受众关注同样转移至更为个人化的交流和互动上。

(5) 传播效果去中心化

新媒介传播技术的发展进一步推动了传播效果的普及化、高效化以及去中心化特征产生。传播设备、技术的普及大大降低了信息传播所需门槛与成本,传播效率得以提升。并且,通过网络共享、人际传播、虚拟社群等形式,信息传播范围得以极大拓宽,传播效果的"强有力论"得以论证。以新媒介形式为中心构建起来的新传播秩序促进了媒介话语权的再分配,呈现出新媒体时代马克思主义大众传播自由化、多元化等特质。

3) 多重交互的新型传播系统

伴随着新媒体时代的到来,曾经普遍适用的"狭义传播系统"被新型的"广义传播系统"取而代之。马克思主义作为一门科学理论,与中国共产党历经多年的完善与成长,指引中国进行人文环境的建设工作。时值新旧媒介交接之际,针对"在国外讲好中国故事"这一课题,马克思主义科学理论体系同样需要更新其传播系统以顺应时代潮流。

旧媒体时代,传播系统完全按照"由上向下"的格局发展。五种传播元素中,传播主客体作为传播过程始末端在过程中起着特殊作用。在旧媒体时代,大众传播只能依赖传统主流媒介(新闻纸媒、广播放送、电视等)进行。在这样的传播模式下,传播主体范围极小,集中体现在国家级政治领袖、党政组织机构以及少数专业学者群体。在整个传播过程中,传播主体对传播活动过程具有绝对的主导权与优先选择权,传播主体有选择性地进行信息的筛选与逐级传递作业,必要时可以完全控制传播过程的每个环节。在此情况下,传播主体与其他传播要素之间无法形成合理有效的良性循环,因而传播主客体之间的关系结构得以冠名"狭义传播系统"①。在"狭义传播系统"中,传播主体完全独立负责议程设置并控制传播过程,对传播受众进行媒介信息的单向度"灌输式"作业,传播效果必然不甚理想。

在新媒体时代,新媒介的产生颠覆了传统的传播理论体系,传播学理论发展至全新阶段,进一步演变出更多可能性,五大传播要素得到进一步成长发展。一方

---

① 周昌辉:《马克思主义大众化传播的困境及破解》,《人民论坛》2018年第6期。

面,传播主体不再囿于政治领袖、政党机构或专家学者的局限性范围内,互联网的发展赋予传播受众群体以传播渠道,使他们亦能成为传播主体,传播主体范畴因此大大扩展。另一方面,传播受众的思想态度同样发生巨变,受众不再满足于接受被动灌输,其主体性意识逐渐增强,传统传播过程过渡至全新传播阶段。在此阶段中,传播主体与受众之间的界限趋于模糊,传播受众在特定语境下同时也可以转变为传播主体,旧式传播流程中"唯一主体"的形势不复存在。此时的传播体系更新为"广义传播系统",传播格局由"由上向下"进一步发展为"多重交互",传播主客体之间运用数字信息技术,通过互联网等新兴媒介组织渠道以传递信息。

当代中国马克思主义大众传播在新时代的传播活动,很大程度上得益于新媒介(尤其是互联网)的出现,传播系统对传播效果优秀与否起着至关重要的作用。在广义传播系统阶段,传播元素更加多元化,其在传播主客体交互性构架中的作用直接左右了最终传播效果,应得到充分关注。

## 5.2 讲好中国故事的传播契机

互联网作为新媒介的代表形式,在各个社会阶层得以逐渐普及,人民日常生活及社会生产方式因此产生了相应变化。互联网的建立初衷是高效率、低成本地解决媒介信息传递问题,在习总书记的悉心指导下,各级政府与民众相互配合,形成信息传递的良性循环,国内、国际文化传播形势欣欣向荣。

"一带一路"倡议构想极大程度上促进了中国本土文化的全球化进程,带来了全新的全球视野观(Global Outlook)。在国际视野影响下,世界各国对待民族文化的方式有所改变,文化平等观念逐渐取缔文化霸权观念,各种优秀文化、民族文化走向世界舞台。伴随着国际视野的开阔与国际影响力的与日俱增,加之"一带一路"倡议构想这一契机,中国民族文化正在逐步跨越文化差异的隔阂,向世界展示其风采。

## 5.3 讲好中国故事的实现路径

近年来,新媒介与传播技术的快速发展极大程度上影响了人民群众的价值观和思维方式;与此同时,我党所处建设环境产生巨大的改变。国家综合实力的提升、新媒体传播技术的进步使得中华文化的跨语境传播得以实现。时下,如何讲好中国故事这一课题需要我们以习近平新时代思想为指引落实至具体行动。

1) 切实加强国家层面的信息源建设

目前国际形势复杂多变,合作与竞争无处不在,需要在政治、经济、文化等多方面发展才能够于世界舞台之上占有一席之地。"一带一路"倡议构想从经济层面入手,极大程度地带动了世界范围内的文化交流,使得"文化帝国主义"现象得到遏制。如果试图在国外讲好中国故事,就必须善于整合党和政府机构与系统机制在基层传播信息的经验和资源,大力突破新型媒介信息的传播技术;整理相关反映中国主流意识形态的综合信息,加强国家层面的信息源建设,尤其针对当前各类新媒介途径中中国文化资源奇缺的部分,占据媒介宣传途径的制高点。

作为中国故事的诉说者,信息源的建设与完善对于向世界展示中国文化软实力举足轻重。信息源建设落实至具体措施,首先需要切实加强传播主体的思想政治教育工作,通过不断学习马克思主义大众传播相关理论知识并联系实际,将其融入当代的中国故事叙述之中,将马克思主义的思想面貌展现给整个世界,在世界舞台呈现中华民族优秀文化以及社会主义制度的价值取向。其次,建设过程中应当注重与故事听述者的对接任务。任何文化故事的异域叙述都具有时空等方面的操作难度,中国作为正统马克思主义传承大国,对于该类敏感问题更应妥善处理。"中国故事"在世界范围传播有利于广大人民群众接触与理解中华民族优秀文化。以孔子学院为例,在世界范围内讲授博大精深的汉字语言与源远流长的中国文化,具备极强的跨文化交流功能,能够实现"投其所好""入乡随俗"的异域本土化故事讲述,完成异质文化在世界观、价值观等多方面的对接,逾越西方中心视角所产生的种种"文化偏见"鸿沟。

2) 构建强大社会影响力的媒介组织

整合各类可利用的媒介组织用以构建一批同时具备公信力与社会影响力的传播主体。媒介组织在社会中的影响力无处不在,新媒介能高效便捷地传播马克思主义在中国的最新成果,应有效利用新媒介相关虚拟社群理论,为公众提供高层次的思想交流平台;同时逐步完善马克思主义大众传播相关空白政策条例,开发新媒介传播的针对性高新技术应用,致力于建立全国新媒介覆盖体系以传播马克思主义理论。

人民群众出于经济、政治、文化等多方面需求而诉诸媒体。无论是功利性还是公益性媒介组织,都是民众切实参与传播过程的第一手信息来源。在国外讲好中国故事,不可避免地需要打造具备世界范围影响力与权威性的媒介组织品牌,聚焦于马克思主义的实践问题,提供有关价值观的保障信息与权威观点,服务马克思主义大众传播事业,充分利用媒介组织对人民群众的引导作用,激发传播受众的强烈责任感,塑造具备世界公信力的媒介形象。

在国外讲好中国故事同样需要因地制宜、因材施教,加强国内外媒介组织合作可以有效缩短传播反馈流程;善于利用国外各种媒介组织进行中国故事的"二次传播"作业,可实现中国传统文化输出的高效运行。

3) 切实规划新时代的传播内容

政府应重点建设利用新媒介进行文化传播的项目,在数字图书馆、特色网络出版、数字多媒体等新兴媒介领域研发中融入马克思主义元素,打造具有新时代文化精神的品牌,构建顺应时代的全新文化传播内容结构。鼓励互联网产业中传播方式的创新,积极发展新的宣传业态,制作适合互联网上传播马克思主义的影视短片、综艺节目以及艺术作品,在开发自主知识产权进程中积极引用马克思主义相关元素。

"网络技术的发展突破了物理层面的时空限制,带来畅通的传播渠道。"[①]在国外讲好中国故事既要求我们审时度势,将旧媒体时代的传播技术与新媒体时代的高新媒介传播技术相结合,开拓多元化媒介传播方式,以人民喜闻乐见并易于接受的方式在新旧媒介平台讲述中国故事。

## 5.4 "中国元素"图像示例

讲好中国故事,要求故事内容真实且富有张力,深度挖掘出中国故事的精神内涵。中国故事作为展现国家风范的文化载体,需要蕴含中国优秀传统文化的价值标杆和精神尺度,因而中国故事的诉说不能流于表层,需要深入现实、不断内省,才

---

① 田智辉:《论新媒体语境下的国际传播》,《现代传播(中国传媒大学学报)》2010年第7期。

有能力引领世界人民体味故事背后所隐含的思想内涵。马克思主义思想观念对于世界范围内的人民群众并非普遍适用,因而切记不能以单方面灌输社会主义核心价值观为传播教条,不能脱离人民群众。应当坚持虚心学习,融入当地的思维模式、风俗习惯,具体问题具体分析,用国际化语言眼光和思维方式切实有效提升马克思主义大众传播的实效性。

2008年,北京在举办奥运会开幕式时,应用多种"中国元素",作为在全世界传播中华文明的视觉符号,开启了全世界对"中国元素"的探秘之旅。"中国元素运用的广泛流行,折射了中国文化作为国家'软实力'的地位提升。"①"中国元素"是植根于中国的历史文化土壤,反映人文精神、历史情怀,并且体现中国人对本国文化认同感的符号,它具有约定俗成、中华民族感应性的特性。"现代的设计师在进行作品设计时,为了达到预期的设计目标,大量采用了中国元素,以此保证作品文化价值得到快速提升。"②"中国元素"既是审美形式,也是文化精神;既是符号,也是中华民族文化遗产最高层次的能指集合;既是在全球的传播语言,也是体现中华民族精神的图腾。

"在科学与艺术趋向合流的当代,科学期刊封面的图形呈现多元化的发展趋势。中国的科学期刊封面在设计中,应借鉴西方先进的理论,结合中华民族的哲学辩证观点、民族智慧,创作出有意义的、本土化与国际化交相辉映的封面作品,进而推动科学期刊封面图像形成国际市场竞争力。"③因此,从符号学、跨学科传播学角度研究科学期刊封面的"中国元素"问题具有重要的作用。

笔者曾在《顶级科技期刊封面的中国元素研究》一文中指出:"国际、国内学界对于中国元素在科技期刊封面中的应用关注度不高,这正为本文的研究打开了一扇门。研究世界顶级科技期刊封面中的中国元素的问题,只是表层原因,深层次是为了研究中国科技如何通过媒介传播平台,强势输入国际市场,同时传达中国文化精神。这个问题的研究对如何提高中国元素的艺术性;以及在世界范围内,以文化

---

① 何佳讯、吴漪、谢润琦:《中国元素是否有效:全球品牌全球本土化战略的消费者态度研究——基于刻板印象一致性视角》,《华东师范大学学报(哲学社会科学版)》2014年第5期。
② 高晟:《试论中国元素在艺术设计创新中的应用问题》,《艺术科技》2017年第7期。
③ 崔之进:《鲁宾之杯——格式塔理论在科学期刊封面中的应用》,《编辑之友》2016年第9期。

艺术的途径,有效传播中国科技成果具有重要的作用。"[1]以艺术学、符号学、跨学科传播学等理论为基础,以"中国元素"符号阐释当代中国文化精神、拓展科技传播的国际视野为内容,结合期刊封面设计的艺术特征,总结"中国元素"在科学期刊封面传播前沿科学成果的运用规律,为促进我国科学期刊封面的发展、弘扬我国传统文化、传播科学技术提供建设性策略。

1) "中国元素"的内涵与外延

"中国元素"这一语汇的正式使用来自中国广告界:中国广告协会在2006年主办的"中国元素国际创新大赛"时提出:创新"中国元素"的应用,提倡广告界挖掘中国传统文化内涵,复兴中华文化,重建民族自信心。2006年文化部提出:凝聚中华民族传统文化精神、体现中华民族气质、体现国家尊严的,并被大多数中国人认同的形象符号为"中国元素"。科学期刊封面设计中应用"中国元素"的设计方式,既是表达艺术个性之美,也是传播科学技术、与时俱进的方法。

一是"中国元素"固有形象符号表征体系:人物、气候、景观、建筑、色彩等;

二是"中国元素"艺术观念表征体系:文字、书法、绘画、民族图案、民族工艺、戏曲、中医药、易经、旗袍、汉画像石砖等;

三是"中国元素"思想意识形态表征体系:中国奥运精神、航天精神、电影文化、企业品牌文化、思想意识、道德观念、价值体系、科技伦理等。

2) 前沿科学成果中的中国元素示例

(1) 中国长城

2015年3月5日出版的 *Cell Stem Cell* 期刊封面图片(图5-1)以中国的长城为母题,阐释 $m^6A$ 在 miRNA 序列上的形成过程。其中 $m^6A$ 表现为火焰,腺苷酸(A)表现为烽火台,miRNA 代表木柴。封面图片阐释中国科学院周琪教授课题组绘制出的小鼠胚胎干细胞(ESC)等修饰图谱。设计者以代表中国古代文化、军事结晶的长城形象,结合科学原理阐释课题组的最新研究成果:发现 $m^6A$ 修饰在多能与分化的细胞系间的分布差异,发生在一些决定细胞特异分化的 RNA 分子上的细胞类型特异的 $m^6A$ 修饰。

---

[1] 崔之进:《顶级科技期刊封面的中国元素研究》,《中国科技期刊研究》2017年第2期。

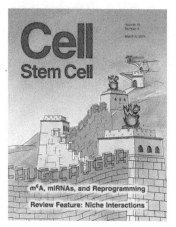

图 5-1　2015 年 3 月 5 日 *Cell Stem Cell* 封面

"中国长城"形象和科学概念结合的符号,成为能指与所指形成的符号系统,在这层系统中需要投入共享的文化代码——民族的、文化的、审美的概念,才能产生意义。中国元素是比较容易识别,并获得认同的文化形式。将"元素"能指与"中国"所指确立为直接应对的关系,这样不仅降低创作者建构编码的风险,还可以降低接受者解码的难度,是易于被受众接受的"元素主义"思维方式。将"中国长城"的场景、中国典型的建筑作为符号形象,与科学概念结合,能够在传播系统中产生更深远的意义,体现科学形象的审美价值。

(2) 中国多桨帆船

2013 年 4 月 4 日发表的 *Cell Stem Cell* 期刊封面(图 5-2)为多桨中国古代帆

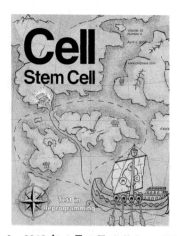

图 5-2　2013 年 4 月 4 日 *Cell Stem Cell* 封面

船在浩瀚的海洋航行,探求宝藏的路线图。封面阐释北京生命科学研究所高绍荣课题组的研究成果:帆船代表细胞内的动力和调控网络;帆代表 DNA 的动态修饰;桨代表转录因子;岛屿代表到达宝藏的各种障碍;宝藏代表多能状态,到达"宝藏"藏匿处的航线有很多条,帆船如果能在瞭望塔(代表 Tet1)的控制下行驶,会更加快捷与安全。

(3) 中国神话传说

2016 年 2 月 4 日出版的 Cell Stem Cell 期刊封面(图 5-3)描绘的是中国古代寓言故事:后羿射日。封面中举弓射日的后羿形象寓意小鼠染色体 12qF1 上的哺乳动物印记基因;而其站立的地面代表造血干细胞;后羿手中紧握的弓箭代表一段双螺旋 miRNA,太阳代表线粒体。封面图片以生动的中国古代神话传说为线索,在传播科技前沿的过程中,阐释基因原理,生动且具有视觉冲击力。

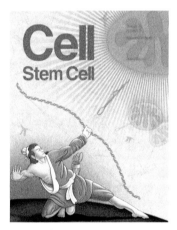

图 5-3  2016 年 2 月 4 日 Cell Stem Cell 封面

2015 年 5 月 11 日出版的 Cancer Cell 封面图片(图 5-4)为"俺老孙来啦"——中国人熟知,尤为孩子们所喜爱的《西游记》中,孙悟空炼就火眼金睛的故事。此期封面采用中国观众耳熟能详的、传说中的故事人物与经典桥段——孙悟空偷吃王母娘娘生日宴会的蟠桃,而被八卦炉中的三昧真火烧炼四十九天。图片中的孙悟空形象代表因缺失 LKB1,而变成的具有极强可塑性的肺腺癌。封面阐释中国科学院上海生命科学研究院季红斌研究组的研究成果:"LKB1 Inactivation Elicits a Redox Imbalance to Modulate Non-Small Cell Lung Cancer Plasticity and Therapeutic Response",旨在揭示 LKB1 失活调控非小细胞肺癌可塑性及药物响应的重要功能,为研究人类肺癌的发病机理提供新的视角,对肺癌的临床治疗具有重要的意义。

图 5-4　2015 年 5 月 11 日 *Cancer Cell* 封面

（4）苏州双面刺绣

苏州大学纪顺俊、徐小平课题组的研究成果发表于著名化学期刊 *Green Chemistry* 2017 年 19 期（图 5-5）。设计师在期刊封面上以苏州双面刺绣为灵感来源，在封面左侧安置两方草书"苏州"、隶书"硒"的印章，以此表明论文的出生地为中国苏州。设计师将化学元素融于金鱼、水草、湖石之中，湖石代表反应物 5-胺-1,2,4-硒二唑化合物。图中三条金鱼分别代表三种不同的反应原料，金鱼吐出的气泡代表氧化剂氧气，反应进行的驱动力。由此，体现出与自然的和谐关系。中间的红色化学结构为 DIPEA（N,N-二异丙基乙基胺），形似一只躲避金鱼捕食、藏于水草之中的小虾。封面设计既具古典风情，又以审美的方式，体现了人文和科学的融合。

图 5-5　2017 年 19 期 *Green Chemistry* 封面

本期封面图像中表现的"中国元素"视觉符号为:苏州传统双面刺绣,以及由此形式衍生的、具有吉祥意味的"年年有余(鱼)"的中国传统文化精神;跃动的金鱼折射出中华民族生生不息的生存哲学。此期封面设计成功地体现中国艺术象征的美学精神,让受众在"可游、可观"的方寸之间,体悟科学技术的传播之趣。

(5)青花瓷与四合院

复旦大学李振华、王华冬课题组研究非官能化烯烃的去金属氢化的反应成果,以封底论文发表于 2013 年 29 期 *Angewandte Chemie International Edition*(图 5-6)课题组在 $HB(C_6F_5)_2$ 催化非官能化烯烃的氢化和以硼烷为媒介的 σ 链复分解反应机理的研究中发现:高浓度的路易斯酸的硼氢化物 $HB(C_6F_5)_2$ 被当作催化剂应用,在此催化反应中,环状烯烃在路易斯酸 $HB(C_6F_5)_2$ 活化下,生成活泼的烷基硼烷中间体,进一步与氢气作用,经历关键四元环的过渡态——就像封底图中呈现的中国传统民居四合院一样,随后发生 σ 链复分解,得到氢化还原的产物。封底图片中,以中国传统素胚勾勒出的青花瓷 360 度环绕在四合院周边,艺术风格清新淡雅,审美风尚古色古香。这期封底让受众在欣赏到古朴雅致的"中国元素"之余,产生探究科学原理传播的兴趣。

图 5-6  2013 年 29 期 *Angewandte Chemie International Edition* 期刊封底

## 5.5  结语

"一带一路"倡议构想自从实施以来,中国及周边国家的经济、文化交流市场得到极大开拓,在推进全球经济一体化进程的同时为文化传播提供契机,促使中华文化的跨语境传播提上议程。

"一带一路"倡议构想提供优秀的国际交流平台与发展契机,我国欲进行海外文化传播工作,立足于"一带一路"的成果,犹如站在巨人的肩膀上,"讲好中国故事"因此成为可能,并被赋予新时代意义与价值。

习总书记在十八大会议讲话中谈及的"文化自信"一词,更多与"讲好中国故事"相关联。"讲好中国故事"成为展现中国文化软实力、坚定中国本土文化自信的主要手段与重要载体,代表着中国特色社会主义价值观念的历史沉淀。中华民族的文化自信,根植于对马克思主义精神的坚持。增强文化自信、强调文化自觉,事关中国文化伟大复兴梦想,需要让"中国故事"成为一种民族文化传播宣传手段,让"中国故事"成为中华人民增强文化自信,展现中国文化软实力与中国担当的重要渠道与建设内容。

在世界范围讲好中国故事,发出属于自己的强有力声音,需要在做好文化传播相关工作的同时,巩固主流意识形态,坚持用马克思主义指导中国文化传播事业,以"讲好中国故事"为契机创新习近平新时代中国民族话语体系,彰显民族本土特质与时代精神,凝聚构建文化强国所需的一切力量。

在"一带一路"倡议构想的影响下,我国的社会主义事业与改革开放程度必将不断向前推进。要想迎合时代潮流长久立足于世界舞台之上,大众传播相关工作就必须得到高度重视。应当通过理论联系实际、讲述民族文化的本土故事,向世界范围内的广大人民群众展现故事蕴含的中国特色社会主义价值观念与马克思主义精神,提升世界人民群众对于中华文化的理解水平。

"讲好中国故事"实质是"在感情和体验上触及当代中国人的内心真实和中国的社会真实"[1],它不仅为马克思主义大众传播提供良好的文化交流契机,还使当今多元化环境中跨语境传播异质文化成为可能。"讲好中国故事",需要坚持针对特定受众群体采取适用的传播方式,在保证传播主客体平等互惠的前提条件下讲好中国故事,有效提高马克思主义在人民群众之中的传播认可度,加速增强国家文化软实力,抓紧构建文化强国最终目标的任务进程,将马克思主义理论贯彻落实,努力传播中华民族文化。

---

[1] 李云雷:《何谓"中国故事"》,《人民日报》2014年1月24日第24版。

# 第六章 总结

## 6.1 科学美感的思考

"科学美感与科学思维的结合,本身就构成一种重要的科学思维形式——科学美感思维。"[①]很多科学家在研究时,将审美体验与绘画、音乐等艺术门类相结合,例如达尔文认为:热带植物像一幅美丽的图像。

### 6.1.1 艺术美与科学美

科学与艺术是一株双生莲、并蒂花。"现代科学本身的进步已促使科学理性和自省功能不断增强,并有效架构起物质与意识、元素与结构、现象与意义间的沟通之桥。人文学者,特别是美学研究者已意识到,一些科学理论已实际成为20世纪哲学社会科学的思想导源。"[②]以哲学的方式取消二者的边界之争是原初的设想。"坚信科学的美学特征是自然界本身所固有的,科学研究的目的就在于揭示这种美,这是具有高度理论形态的科学得以创立的基础。自觉地选择和利用科学的美学特征是实行科学大综合、建立科学理论的最为关键的因素。"[③]事物与事物本质抓不住,即便以艺术作品作为媒介,也是初级的认识。中国当代艺术家的主体性被无限放大后产生危机:没有信仰,没有约束,没有界限,没有敬畏,由此产生时代的

---

① 鲁兴启、王琴:《科学创造中的科学美感》,《科技导报》2003年第3期。
② 彭永东:《科学审美与科技传播刍议》,《自然辩证法研究》2003年第5期。
③ 金福凯、张祖贵:《论科学美对科学理论发展的推动作用》,《辽宁大学学报(哲学社会科学版)》2000年第1期。

危机,即生态危机——好比剥洋葱,剥了一层又一层,落到最后还是一个"空"。除去自然主义,援引中国道家的自然精神是解决方案之一,以科技美与艺术美解救科学,衍生具有审美倾向的科学表现形式,正如上文中提及的以具有审美形态的图形存在于科学封面之中,进行科学美的传播,是科学与艺术合二为一走势的一个当代维度。

### 6.1.2 具有"中国味儿"的科学美感传播

海德格尔认为:艺术作品创造了一个世界,把"存在"引进,"装置"在里面。例如,凡·高画的鞋,就是将一位农民的存在世界,保持在鞋子里面。在科学期刊封面中,就是一位艺术家(科学家),将他的成果,保存在封面里面。目前很多世界顶级科学期刊的封面倾向于以具有"中国味儿"的方式,向全世界传播科学美。有禅味的"中国元素"将艺术与科学这对看似长期对抗的概念连接在一起。科学期刊封面展现的是一种文化,是一种科学如何在人文的环境中,进行信息传达、精神传播的文化。"向国际顶级科技期刊学习,为我国科技期刊的封面设计找到建设方案,将我国的民族元素与国际化趋势结合,提高中国科技期刊封面的艺术审美功能,推动我国的科技成果在世界广泛传播,这是增强我国科技期刊的竞争力,并与国际接轨的重要环节。"[1]以艺术的方式传播科学原理,是人类思考真理的出发点,是真理发生的原初方式。

### 6.1.3 科学美感对视觉传播的影响

"中国元素"在科学期刊封面设计中的创意深度、设计技巧都处于初级阶段。"中国元素的思维模式是:根据约定俗成和差异化原则,将纷繁复杂的中国文化现象不断细化为最基本的元素,并将之视为中国文化特性的集中体现和典型代表。"[2]科学是理性的,艺术是感性的,用感性的艺术方式去表达科学原理,是体现和传播艺术美与科技美融合的最好的方式。"中国元素"在艺术形式和内容上,对科学期刊封面的创作起着积极的传播作用。"用当代的具有中国特色的元素符号

---

[1] 崔之进:《世界顶级科技期刊封面艺术学研究及对我国的启示》,《中国科技期刊研究》2016年第2期。
[2] 曾军:《上海世博的中国元素与中国国家形象的建构》,《学术界》2010年第7期。

来表现当代国人的精神文明,这也是今后广告设计的一个趋势。我们不仅要温故,还要知新。社会的发展,必然衍生出众多的时代产品,用当代视觉符号表现当代精神生活,更使消费者感觉亲切、实用。"①西方的艺术史是一部有视觉形象的思想史,设计是艺术中的一个门类,封面设计在横向组合的方向,产生科学传播的逻辑意义,同时产生隐喻、联想与象征意义。在这个范畴内,"中国元素"符号,通过横向组合和纵向聚合后,产生内涵和象征意义,并形象地履行意识形态与科学传播功能。

"科学工作者对大量创造性组合进行鉴别和选择的一个重要依据就是科学美感。苏联学者 A. B. 古雪加也提出过类似的观点。他指出:科学工作者心理的无意识成分和研究者思维的美学因素应引起现代美学的关注,而创造性才华的培养乃属于艺术的范围。"②以视觉符号视域研究承载复兴中华文化,重新审视"中国元素"在科学期刊封面上的文化要素、影响及其效果和发展趋势,对我国推出全球知名的科学期刊品牌具有积极的意义。

## 6.2　艺术与科学的共同特征

### 6.2.1　共同的对象

"'科学'范畴的内涵应扩展为认识客观世界的学问,而改造客观世界的学问就是技术。各门科学的区分主要是依据人们研究问题的着眼点加以区分。而各门科学研究的对象是整个客观世界,包括自然界、人类社会、人和人化自然等。所以,目前在现代科学技术体系中,不仅是自然科学,还应包括社会科学、思维科学、系统科学、军事科学、地理科学、人体科学、建筑科学、行为科学、数学科学和文艺理论等至少 11 大部门。"③

广义"艺术"包含文学,文学艺术是与整个客观世界、整个社会发展紧密联系

---

① 崔莉萍:《从中国元素到中国精神——关于中国元素在当前广告设计中应用的思考》,《艺术百家》2010 年第 2 期。
② 鲁兴启、王琴:《科学创造中的科学美感》,《科技导报》2003 年第 4 期。
③ 胡海岩编《科学与艺术演讲录》,国防工业出版社,2013,第 227 页。

的。艺术研究人与自然、社会及人与人之间的关系,并揭示社会发展的内部规律。

艺术与科学具有共同的研究对象,即自然界、人类社会。这是艺术与科学产生更多交集的基础。

### 6.2.2 共同的词源

*The Fine Arts with Science and the Science of Fine Arts* 是钱学森主编的《科学的艺术与艺术的科学》的英文书名。为什么这里的"艺术"不使用"Art",而是用"Fine Arts"呢?因为,在英法文字典中"Art"是"技术、技艺"的意思,"Fine Arts"才是美术的总称。

"艺术"的"艺"在甲骨文中是象形字"人在种植"的意思,即劳动技能。"科学"最初也来自对劳动技能与技术的提炼。艺术与科学的词源都与劳动技术有关。

### 6.2.3 共同的灵魂

创新是艺术的灵魂,也是科学技术的灵魂。艺术创新需要高科技与科学的世界观。"今天的艺术创新并不是简单的花样翻新,而是要心怀祖国,面向世界,以科学的世界观、人生观和美学为指导,充分利用人-机结合的信息网络技术,综合集汇古今中外艺术精品之大成,在此深厚的艺术基础上,推陈出新。"[①]

那么,在经济、科技高速发展的当代,艺术遇见科学会发生什么呢?

## 6.3 回顾与展望

2001年,清华大学创立"艺术与科学研究中心";2017年5月,中央美术学院创建"艺术与科技中心";2017年11月,李政道先生担任"科学与艺术"委员会名誉主席;2017年12月2—3日,浙江大学艺术学院、计算机科学与技术学院、人文学院联合主办"艺术与科学"高峰论坛;浙江大学于2020年新增艺术与科技本科专业。

2020年8月27日,教育部公布截至2020年6月30日的《学位授予单位(不含军队单位)自主设置二级学科和交叉学科名单》。将"艺术与科学"作为自主设置交

---

① 胡海岩编《科学与艺术演讲录》,国防工业出版社,2013,第234页。

叉学科,按照二级学科管理。展望"艺术与科学"的学术走向与学科设置,艺术学2011年升格为第十三个学科门类之后,在"双一流"建设的时代大背景下、在"艺术与科技"已经被设置为艺术学二级学科的具体情况下,重新思考艺术与技术乃至艺术与科学的关系,是完善并推进艺术学学科门类"双一流"建设所必须面对的课题。①

2020年9月18日,中国美术学院与西湖大学进行合作。美术学院院长高世名教授指出:"科学和艺术是人类所有知行领域中最为纯粹的,同样追求创造性,同样依靠灵感和想象力,这是二者能够相互对话的基础。融通艺术的感性之学、感兴之道与科学的格致之道、意识之学,探讨人类经验和知识的新领域,也为中国高等教育的改革发展和人才培养探索出一条新路径。"②西湖大学校长施一公认为:"艺术与科学彼此互为启蒙、互相启迪。科学家和艺术家的共同特点都是在创造新事物,科学与艺术交融,能产生更好的科学和更好的艺术。懂艺术的科学家和懂科学的艺术家,通过思想碰撞、启发,也许可以创造一个新的领域,是我们的想象力所无法到达的地方。"③

2020年9月,中国科学院哲学研究所在北京举行揭牌仪式,副院长李树深致辞:"中科院哲学所将以哲学家和科学家共同关切的重大问题为研究导向,致力于探讨现代科学的哲学基础和当代科技前沿中的哲学问题,以及与科技发展密切关联的价值、文化和制度问题。"④

当一个新兴的艺术样式、科学假象最初出现时,总有很多人产生怀疑和畏难的情绪,"虽然'艺术与科技'的专业设置已经波及很多艺术领域,但往往具体呈现为纯粹意义上的辅助于艺术创作的技术人员的培养,很难在艺术学学科建设的总体意义上形成合力"。⑤ 这在学科发展初期是正常的。但是,我们终将与时俱进,站在新时代的高点,迎接艺术与科技高度融合的美丽新世纪。

---

① 仲呈祥、冯巍:《艺术与科学:艺术学学科"双一流"建设的一种设想(2020年版)》,艺术理论与批评官网,9月3日
② 刘杨、徐珊.杭州:中国美术学院官网,2020年19日
③ 刘杨、徐珊.杭州:中国美术学院官网,2020年19日
④ 齐芳:《中科院为什么要成立哲学研究所》,《光明日报》2020年9月25日。
⑤ 仲呈祥、冯巍:《艺术与科学:艺术学学科"双一流"建设的一种设想(2020年版)》,艺术理论与批评官网,9月3日

在我国"一带一路"倡议视域下,"艺术与科学"结合的建构思想,符合社会经济、科学技术、艺术文化的发展。我们理应努力奋进,以美丽的科学创新,为我国现代化建设探索新的融合发展路径。

# 附录 科学图像的类型化研究

附录　科学图像的类型化研究

表 1　部分科学图像作者概况

| 编号 | 姓名 | 出生地 | 艺术代表作 | 艺术理念 | 科学发现及科学理念 |
|---|---|---|---|---|---|
| 1 | 列昂纳多·达·芬奇（Leonardo da Vinci） | 意大利芬奇镇 | 《蒙娜丽莎》《最后的晚餐》《哈默手稿》等 | 艺术模仿论；几何透视、色彩透视和空气透视，以光影、动态和表情、构图、人体比例与解剖、风景和自然科学；有关于画家守则以及艺术家修养的论述，表达其对与艺术家的要求 | 空间透视学；达·芬奇否定传统的"地球中心说"；发现液体压力通器原理 |
| 2 | 马克斯·普朗克（Max Karl Ernst Ludwig Planck） | 德国荷尔施泰因 | | 钢琴和管风琴的演奏达到专业水准 | 量子力学；普朗克辐射定律；提出能量子概念和常数 h |
| 3 | 林俊卿 | 中国福建 | 《费加罗的咏叹调》《海上霸王》 | 创新"咽音"练声体系 | 《"咽音"练声的八个步骤》《歌唱发音的机能状态》以"咽音"练声体系作为歌唱发音的科学基础 |
| 4 | 布莱恩·考克斯（Brian Cox） | 英国兰开夏郡 | 乐队（Dare）专辑 Out of Silence 等；BBC 纪录片《太阳系的奇迹》《宇宙的奇迹》《生命的奇迹》 | 应该有更多的科学家、教授能参与当代文化 | 《大动量转移时的双衍射裂解》鼓励科学家、教授参与当代文化，传播科学知识，尤其要激发青少年的科学求知欲；科学、数学和工程才是国家的未来 |

165

续表

| 编号 | 姓名 | 出生地 | 艺术代表作 | 艺术理念 | 科学发现及科学理念 |
|---|---|---|---|---|---|
| 5 | 布莱恩·哈罗德·梅（Brian Harold May） | 英国伦敦汉普顿 | 作为皇后乐队（Queen）吉他手，发行热门单曲 Bohemian Rhapsody、We Will Rock You、Somebody to Love、Killer Queen、Radio Ga Ga 等 | 音乐具有古典气质（歌剧的段落编制，极多声部的和声，伴唱，对唱，主唱的极高嗓音）；出身传统摇滚，初期拒绝使用合成器；音乐里有齐柏林飞艇（Led Zeppelin）的影子，经历英伦重金属新浪潮，音乐中有布鲁斯的味道 | 与人合著 Bang! The Complete History of the Universe；博士论文"Radial Velocities in the Zodiacal Dust Cloud"研究黄道带尘埃云的径向速度 |
| 6 | 赵元任 | 中国天津 | 《教我如何不想她》《海韵》《厦门大学校歌》等 | 重视音乐语言的地方风格创作及口语化倾诉感的科学处理 | 《现代吴语的研究》《中国话的文法》《国语留声片课本》重视汉语连读变调与轻重音研究；提出汉语调构造锥形 |
| 7 | 莫里茨·科内利斯·埃舍尔（Maurits Cornelis Escher） | 荷兰弗里斯兰省首府吕伐登 | 《白天和黑夜》《瀑布》 | 作品融合传统的艺术主题和特定的数学视角，这在当时的艺术界十分罕见；运用数学原理冲破传统的艺术疆域 | 以形象表达密铺平面、多面体等数学概念 |
| 8 | 莱昂·巴蒂斯塔·阿尔伯蒂（Leon Battista Alberti） | 意大利热那亚 | 《论绘画》《论雕塑》《论建筑》等专著，设计鲁切拉宫（The Rucellai Palace）和新圣玛利亚教堂的正立面 | 分析绘画的本质，并探索视角、构图和色彩的元素，提出数学是艺术与科学的共同基础，"应该从大自然中寻求学习所有的步骤，艺术家的最终目标是模仿自然" | 设计第一个用于加密的机械装置——阿尔伯蒂密码盘；清楚地阐释在一个二维平面中，通过单眼"透视建构"（costruzione legittima）三维空间的新方法 |

续表

| 编号 | 姓名 | 出生地 | 艺术代表作 | 艺术理念 | 科学发现及科学理念 |
|---|---|---|---|---|---|
| 9 | 塞缪尔·莫尔斯（Samuel Finley Breese Morse） | 美国马萨诸塞州查尔斯顿 | 绘画《降落的朝圣者》 | 注重画面人物简单的衣着和朴素的面部特征 | 摩尔斯电码，利用电键控制一个低频振荡信号发生器的振荡与否，再被高频载波信号调制由报务员译码而得。一种大理石切割机（可以在大理石或石块上进行三维雕刻） |
| 10 | 亚历山大·波菲里耶维奇·鲍罗丁（Alexander Porphyrievitch Borodin） | 俄罗斯圣彼得堡 | 《第二交响曲》、歌剧《伊戈尔王》（自编脚本） | 作品具有民族风味，作曲风格粗扩，乐队与和声具有活力 | 有机化学的先驱者之一。重要研究包括羟醛的自缩合反应（和查尔斯·阿道夫·沃尔茨同时独立发现），苯的衍生物（他第一个合成了苯甲酰氟）和有机物的卤素置换反应（汉斯狄克-鲍罗丁反应） |
| 11 | 海蒂·拉玛（Hedy Lamarr） | 奥地利维也纳 | 主演影片《欲焰》《热带女郎》《某同志》《新兴都市》《齐格菲女郎》《霸王妖姬》 | | "跳频技术"，为CDMA、Wi-Fi等技术奠定基础 |

167

表2 当代艺术与科学图像研究代表性会议

| 编号 | 会议题目 | 主题 | 时间 | 地点 | 参会人员 | 国内/国际 | 备注 |
|---|---|---|---|---|---|---|---|
| 1 | 科学、艺术、创新：跨学科理论与研究方法高峰论坛 | 跨学科对话与知识创想，促进哲学社会科学领域与自然科学领域多学科的交叉研究，推崇多学科、大跨度的理论创新，加强国内外多学科领域学者的合作 | 2007年12月18—21日 | | 刘兵（清华大学教授）、朱乃庆（西南大学常务副校长）、黄希庭（西南大学心理学院教授）、张宗麟（重庆市高等教育学会会长）、周世斌（首都科学教育研究员）、汪光华（著名挪威华裔画家）、（四川省社会科学院研究员）、樊琪（上海师范大学教授）、李志宏（吉林大学教授）、方在庆（中国科学院教授）、邹元江（武汉大学教授）、尹应武（清华大学教授）、李豫闽（福建师范大学教授）、李文林（中国科学院教授）、庞跃辉（重庆交通大学教授）、李益（重庆邮电大学教授）、王大明（中国科学技术大学教授）、陈积芳（上海科学技术学会副会长）、赵伶俐（西南大学高等教育研究所教授）等 | | https://kns.cnki.net/KXReader/Detail?tForm=kdoc&TIMESTAMP=6373967453 21512500&DBCODE=CJFD&TABLEName=CJFD2008&FileName=YSJY200804101&RESULT=1&SIGN=2j9eWKnrDLGhqocNajGnAXz3d |
| 2 | 2012年中国网络科学论坛 | 探讨科学与艺术的和谐统一之路 | 2012年4月27日 | 中国传媒大学 | 李幼平（著名通信技术专家，中国工程院院士）等 | | http://kns.cnki.net/KXReader/Detail?TIMESTAMP=6372 4726759720125&DBCODE=CJFQ&TABLEName=CJFD20120120 &FileName=CMKJ20120 9013&RESULT=1&SIGN=oCV0QcosKYKiQR8e44UW7 z6tmFY%3d |

附录　科学图像的类型化研究

续表

| 编号 | 会议题目 | 主题 | 时间 | 地点 | 参会人员 | 国内/国际 | 备注 |
|---|---|---|---|---|---|---|---|
| 3 | 第17届科学与艺术研讨会 | 科学与艺术·融合发展服务社会 | 2014年9月16日 | 北京中华世纪坛 | 田文（北京市科协党组成员、副主席）、王直华（《科技日报》原副总编、副主席）、彭澄（云南财经大学信息管理系教授）、许鹏（云南财经大学设计学院教授）、蔡若明（法国昂热大学客座教授）、黎文（中国科学院计算机网络信息中心高工）、李公立（北京清城睿现数字科技研究院副院长）、蒋红斌（清华大学副教授）、郑钰（北京自然博物馆副研究员）、李一凡（南京古生物博物馆馆长）、冯伟民（南京古生物博物馆馆长）、任韩华（中国科学院计算机网络信息中心副主任）、肖云（中科院计算机网络信息中心教授级高工）、陈彤云（中华世纪坛数字艺术馆馆长）等 | 国内 | http://www.china.com.cn/news/tech/2014-09/17/content_3353 4778.htm |
| 4 | 2016年艺术与科学跨学科教育论坛 | 融合超越·探索创新 | 2016年5月28日 | 中国传媒大学南广学院图书馆报告厅 | 高福安（中国传媒大学原副校长、南广学院院校长）、王今中（江苏大学教授）、蒋永青（云南大学教授）等 | 国内 | http://kns.cnki.net/KXReader/Detail?TIMESTAMP=63724723843032625 0&DBCODE=CCJD&TABLEName=CCJDLAST2&FileName=CMJY20160 1051&RESULT=1&SIGN=E2AH 92uFDcw%2fXGKtcz segm2GBYQ%3d |

169

续表

| 编号 | 会议题目 | 主题 | 时间 | 地点 | 参会人员 | 国内/国际 | 备注 |
|---|---|---|---|---|---|---|---|
| 5 | 第四届科学与艺术研讨会 | 科学与艺术@绿色、创新与协调发展 | 2016年9月22—23日 | 北京联合大学 | 鲍泓教授（北京联合大学副校长）、北京数字科普协会副理事长，阎保平（中科院数字科普协会常务总工、北京数字科普协会理事长）、张浩达教授（北京大学教授，北京数字科普协会副理事长）、祁庆国（北京市文物局信息中心主任）、张旗（北京联合大学艺术学院院长）、曹三省（中国传媒大学新媒体联盟秘书长）、肖云（中科院网络科普联盟总裁）、庄岩（水晶石科技有限公司副总裁）、谭铁生（中国戏曲学院新媒体艺术系主任）、谢昊伊（中国邮政博物馆馆员）、鄢新宇（北京市农林科学院动漫技术部主任、研究员）、康志保（《中国交通报》资深记者，桥梁文化专家）、武定宇（北京联合大学艺术学院教师）、于晖（中国妇女儿童博物馆馆员）、李一凡（北京工业大学艺术设计学院副教授）、张岩（北京印刷学院教师）、张彬（万达信息股份有限公司开发部总监）、吴萌（故宫博物院信息中心开发部总监）、吴赛[盛世光影（北京）科技有限公司副总经理]、李彦冰（北京联合大学应用文理学院博士）等 | 国内 | https://news.buu.ed u.cn/art/2016/9/23/ art_13583_403628.html |

附录　科学图像的类型化研究

续表

| 编号 | 会议题目 | 主题 | 时间 | 地点 | 参会人员 | 国内/国际 | 备注 |
|---|---|---|---|---|---|---|---|
| 6 | 第十八届中国上海国际艺术节艺术与科技论坛 | 虚拟与现实：表演艺术需要VR吗？ | 2016年10月15日 | 浦西洲际酒店 | Jesse Garrison(纽约三腿狗艺术科技中心推荐艺术家)、Salar Shahna(瑞士世界VR论坛创意总监)、周海昌(联想狄拍科技研究员)等 | 国际 | https://www.artsbird.com/NEWCMS/artsbird/cn/cn_18/cnjyhlt_18/cnlt_18/20161015/22073.html |
| 7 | 第十九届国际研究系列会议"意识重塑：后生物时代的艺术与意识" | 意识重塑：后生物时代的艺术与意识——可能性预测：艺术及其未来 | 2016年11月26—27日 | 德稻上海中心大厦，M50创意园区新时线媒体艺术中心 | 罗伊·阿斯科特教授(国际新媒体艺术先驱、艺术家及理论家、德稻新媒体艺术大师)、邱志杰教授(中央美术学院实验艺术学院院长、中国美术学院艺术委员会实验艺术委员会主任、中国美术家协会实验艺术委员会委员)、胡介鸣教授(上海美术学院美术学科负责人)、魏颖(青年策展人、生物艺术研究者)、Nicholas Tresilian[媒体企业古典音乐电台Classic Fm创始人、英国先驱艺术安置联盟(APG)董事会成员]、Sergey Avdeev博士(俄罗斯创会主席)等 | 国内 | 见微信公众号推文：https://mp.weixin.qq.com/s/uHfCid3WqQ840yzXrrOgdA |

171

续表

| 编号 | 会议题目 | 主题 | 时间 | 地点 | 参会人员 | 国内/国际 | 备注 |
|---|---|---|---|---|---|---|---|
| 8 | 第二十届国际研究系列会议"意识重塑:后生物时代的艺术与意识" | 意识重塑:后生物时代的艺术与意识——微观控制论与精神艺术 | 2017年11月25—26日 | 中央美术学院 | 邱志杰教授(中央美术学院实验艺术学院院长)、Roy Ascott教授(意识重塑大会创办人)、James K. Gimzewski博士(洛杉矶加利福尼亚大学化学系荣誉教授,加州纳米技术研究院的成员)、Edward Shanken(加利福尼亚大学圣克鲁兹分校电子艺术与新媒体艺术硕士项目主任)、Christa Sommerer(国际知名媒体艺术家,奥地利林兹艺术与设计大学界面文化项目负责人)、Clarissa Ribeiro(独立媒体艺术家,福塔莱萨大学LIP创新建模实验室主任,CrossLab研究总监)、Gianni Corino教授(英国普利茅斯大学MRes数字艺术与技术学科带头人、i-DAT成员)、Claudia Westermann(德国建筑师协会授权建筑设计师,西安交通利物浦大学建筑系副教授)、Mike Phillips(英国普利茅斯大学i-DAT.org研发总监、星球学院,跨媒体艺术教授)、魏颖(策展人、中央美术学院视觉艺术高精尖创新中心科技艺术方向研究员)、Terry Trickett(Sci-Art项目创始人、国际知名电子艺术家)等 | 国内 | 见微信公众号推文:https://mp.weixin.qq.com/s/sBWoZLV7NmjrATyQV0NFyg |

续表

| 编号 | 会议题目 | 主题 | 时间 | 地点 | 参会人员 | 国内/国际 | 备注 |
|---|---|---|---|---|---|---|---|
| 9 | 首届"EAST-科技艺术教育国际大会" | 科技艺术的历史与未来叙事 | 2017年11月29—30日 | 中央美术学院 | 范迪安(中央美术学院院长)、高为元(香港大学副校长)、罗伊·爱德斯科特·阿斯克特(英国普利茅斯大学)、爱德华多·卡茨(美国芝加哥艺术学院)、肯·里纳尔多(美国俄亥俄州立大学)、爱德华·山肯副(美国加州大学圣塔克鲁兹分校)、贝丽尔·格雷厄姆(英国桑德兰大学)等 | 国际 | 见微信公众号推文：https://mp.weixin.qq.com/s/VOyG_k7RKDLyOIVZGHBSwA |
| 10 | 浙江大学"艺术与科学"高峰论坛 | 人工智能与艺术智性;新媒体艺术与数字创意产业;视神经科学;艺术遗产与科技鉴定及保护;陶瓷科学艺术;艺术与科学发展史 | 2017年12月2—3日 | 浙江大学紫金港校区 | 黄厚明(浙江大学艺术学系主任、教育部青年长江学者)、鲁晓波(清华大学美术学院院长)、John Onians(英国SSCI杂志"Art History"创刊主编)、周志华(南京大学计算机系教授)、欧洲科学院外籍院士、杰青、长江特聘教授)、Dick Swaab(浙江大学求是特聘教授,脑科学与视知觉研究专家)、王廷信(东南大学艺术学院院长)、Elisabeth de Bièvre(英国东安格里亚大学艺术史教授)等 | 国内 | 见微信公众号推文：https://mp.weixin.qq.com/s/KMeQsy0GLW9dXSQCQEZrFQ |

续表

| 编号 | 会议题目 | 主题 | 时间 | 地点 | 参会人员 | 国内/国际 | 备注 |
|---|---|---|---|---|---|---|---|
| 11 | 第十一届全国青少年科学与艺术大会 | | 2018年2月3日 | 北京大学百周年纪念堂 | 张天保(国家教育咨询委员会委员,教育部原副部长)、张履谦(中国工程院院士、中国航天科技集团公司科技委顾问,中国工程院院士、国防科技大学研究生院原政委,院长)、董苏宁(中国人民解放军少将、国防科技大集团公司科技委办公室主任)、单秀荣(著名歌唱家)、赵一天(中央电视台少儿节目主持人)、杜悦(中央电视台少儿节目主持人)、黄俭(中国文化信息协会副秘书长)等 | 国内 | http://www.xgxy.net/html/0211616.html |
| 12 | 首届"艺术与科学"学术研讨会 | 都会里的博物精神 | 2018年7月19—21日 | 上海博物馆学术报告厅 | 龚良(南京博物院院长)、杨志刚(上海博物馆馆长)、袁剑(中央民族大学世界民族学人类学研究中心副教授)、李文儒(故宫博物院研究员、布鲁诺·大卫(法国国立自然历史博物馆馆长)、维多利亚·盖恩(美国东北大学历史系教授)等 | 国际 | 见微信公众号推文：https://mp.weixin.qq.com/s/mFJOsRSC6WZiOWzfiXmAQw |
| 13 | 第五届科学与艺术融合与文化传承研讨会 | 科学与艺术*新时代的发展与文 | 2018年9月20—21日 | 北京国际文化贸易服务中心 | 周明全(北京师范大学教授,教育部虚拟现实应用工程技术研究中心主任,北京市文化遗产数字化保护重点实验室主任,北京师范大学图像图形学学会副理事长)、黄心渊教授(中国传媒大学动画与数字艺术学院院长,文化部文化产业专家委员)、尹传红(总编《科普时报》总编辑,中国科普作家协会常务副秘书长)、梁梅研究 | | |

附录　科学图像的类型化研究

续表

| 编号 | 会议题目 | 主题 | 时间 | 地点 | 参会人员 | 国内/国际 | 备注 |
|---|---|---|---|---|---|---|---|
|  |  |  |  |  | 员（中国社会科学院哲学所美学室研究员），张浩达教授（北京大学信息管理系情报学专业视觉传播方向教授，北京大学国家现代公共文化研究中心副主任，河北大学新闻传播学院课程教授，中国科普协会原副理事长，胡春明博士（北京航空航天大学计算机学院副教授，国际万维网联盟副理事长，自2007年以来一直担任万维网联盟北航总部W3C/Beihang的技术顾问及技术负责人），吴寨［盛世光影（北京）科技有限公司副总经理］，张彬（万达信息股份有限公司文电事业部技术总监），李晓（北京全电智领科技有限公司），高小凯（北京赞那时时尚科技有限公司），王文毅（北京工业大学艺术设计学院张飞3D打印工作室），刘建新（爱加倍北京国际教育科技有限公司总经理）等 |  | http://xqh.cic.tsinghua.edu.cn/detail.php?id=4835 |
| 14 | 第二届"科学与艺术"高峰论坛 | 反思·互动·创新 | 2018年11月3日 | 科学出版社 | 张杰教授（四川美术学院副院长），周明全教授（北京师范大学信息科学与技术学院），张鹏教授（沈阳师范大学美术与设计学院院长），王建民教授（同济大学艺术与传媒学院副院长），徐迎庆教授（清华大学美术学院长江学者） | 国内 | 见微信公众号推文：https://mp.weixin.qq.com/s/wcaedYTiacZQ3yb3uNfHCA |

续表

| 编号 | 会议题目 | 主题 | 时间 | 地点 | 参会人员 | 国内/国际 | 备注 |
|---|---|---|---|---|---|---|---|
| 15 | 第二届"EAST-科技艺术教育国际大会" | 科技艺术的历史、现状及未来趋势；科技艺术教育中细分学科作为个案介绍 | 2018年11月17—18日 | 中央美术学院北区礼堂 | 泰特现代美术馆（Tate Modern）、新美术馆（New Museum）、韩国国立现代美术馆（MMCA）等艺术机构的科技艺术部门，以及罗伊·阿斯科特（Roy Ascott）、邵志飞（Jeffrey Shaw）等著名科技艺术学者 | 国际 | 见微信公众号推文：https://mp.weixin.qq.com/s/fquFdl1QIjgFtaOiaEXhpw https://mp.weixin.qq.com/s/DCOZbxjiviSitd_6gKy6JA |
| 16 | "艺术与科学之问"学术论坛 | 艺术与科学 | 2019年9月7—8日 | 中国科学院大学雁栖湖校区中丹科教中心 | 李树深教授（中国科学院院士、中国科学院大学校长）、张秋俭教授、范迪安教授（中央美术学院院长）、王受之教授、阿森特艺术中心设计学院）、Frederic（法国国际当代艺术协会主席）等 | 国际 | http://www.cas.cn/cm/201909/t20190910_4713621.shtml |
| 17 | 第二十一届中国上海国际艺术节艺术科技论坛 | 表演艺术XR语汇探索与孵化 | 2019年10月21日 | 静安洲际酒店 | 杰克·洛（英国好奇指令剧团艺术总监兼CEO）、吉迪恩·奥巴扎内克（新墨尔本国际艺术节联合艺术总监）、费俊（中央美术学院设计学院艺术+科技方向教授）等 | 国际 | https://joy.online.sh.cn/node/node_112717.htm |
| 18 | 首届"艺术与科学"国际学术论坛 | 艺术与科学 | 2019年11月1—3日 | 南京航空航天大学将军路校区 | 洛卡·克劳迪（意大利佛罗伦萨美术学院院长）、吴为山（中国美术馆馆长）、聂宏（南京航空航天大学校长）等 | 国际 | http://www.js.xinhuanet.com/2019-11/04/c_1125190053.htm |

附录　科学图像的类型化研究

续表

| 编号 | 会议题目 | 主题 | 时间 | 地点 | 参会人员 | 国内/国际 | 备注 |
|---|---|---|---|---|---|---|---|
| 19 | 第五届"艺术与科学国际作品展暨学术研讨会" | AS-Helix：人工智能时代的艺术与科学融合 | 2019年11月2—3日 | 中国国家博物馆 | 鲁晓波教授；张钹院士；David Hanson（大卫·汉森，汉森机器人公司创始人、董事长）；Paul Priestman（保罗·普里斯特曼，全球设计咨询公司普睿合联合创始人兼董事长）；Philippe Hoerle-Guggenheim（菲利普·赫勒·古根海姆，古根海姆当代艺术机构创始人）；程京院士；宋继强教授（芜特尔中国研究院长）；Gerhard Ludger Pfanz（格哈德·卢德格尔·普凡兹，卡尔斯鲁厄国立设计学院教授）；Naren Barfield（奈伦·巴菲尔德，皇家艺术学院副校长）；Yoichiro Kawaguchi（河口洋一郎，东京大学大学院名誉教授）；黄卫东教授；Boris Debackere（鲍里斯·迪贝克，鲁汶大学LUCA艺术学院艺术家和研究员）；Ahmed Elgammal（艾哈迈德·加马勒）；Paul Chapman（保罗·查普曼，格拉斯哥美术学院虚拟仿真学院院长）；Victoria Vesna（维多利亚·韦斯纳，加州大学洛杉矶分校设计艺术系教授）；Marcel Jeroen van den Hoven（马塞尔·尤瑞恩·范登·霍文，代尔夫特理工大学伦理与技术学教授）；Christa Sommerer（克里斯塔·佐梅雷尔，奥地利林茨艺术设计大学教授，媒体艺术家）；Refik Anadol（勒菲克·安纳多尔，媒体艺术家）等 | 国际 | 见微信公众号推文：https://mp.weixin.qq.com/s/bbu_7alo4np3o uOr-YXvpA https://mp.weixin.qq.com/s/5v17UA8Q2iX OfvObLK01LA |

续表

| 编号 | 会议题目 | 主题 | 时间 | 地点 | 参会人员 | 国内/国际 | 备注 |
|---|---|---|---|---|---|---|---|
| 20 | 第三届"EAST-科技艺术教育国际研讨会" | | 2019年11月15—16日 | 中央美术学院美术馆 | 马丁·霍齐克(艺术家,奥地利林茨电子艺术节,电子艺术大奖及展览部门总监),约珥·费雷[美国洛杉矶郡立艺术博物馆(LAC-MA)艺术与科技实验室主任],安杰丽珂·斯班尼克斯(荷兰埃因霍恩MU艺术机构总监,策展人),茨格博格·赖希勒·维也纳应用艺术大学媒介理论系系主任),玛尔塔·德·梅内泽斯(葡萄牙Ectopia 机构艺术总监,Cultivamos Cultura 艺术中心总监),崔彤(中国科学院大学建筑研究与设计中心主任),奥瑞利·贝森(加拿大Molior总监),汉娜·雷德勒·霍斯(英国开放数据研究所"作为文化的数据"项目总监),孙立军(北京电影学院副校长),肯·阿诺德(哥本哈根大学教授,英国惠尔康基金会总监),安德里亚·班利德利(爱尔兰惠尔康艺术廊执行总监),达利娅·帕克霍门科(LABORATORIA 科技艺术空间总监)等 | 国际 | 见微信公众号推文:https://mp.weixin.qq.com/s/vWzGV561-hZ-VmyXyfBwoCA |
| 21 | 第三届文化艺术管理(上海)国际会议 | 艺术、科技与管理的跨界及融合 | 2019年11月21—23日 | 上海戏剧学院华山路校区(上海市华山路630号) | 林一教授(北京大学)、范周教授(中国传媒大学)、李康化教授(上海交通大学)、陈庚教授(武汉大学)、章锐副教授(清华大学)、杨于博士(上海艺术研究所副研究员)、康斯坦斯·德夫劳教授(美国康涅狄格大学)等 | 国际 | 见微信公众号推文:https://mp.weixin.qq.com/s/1tGkFsqW0DKKexp8f3UtIg |

## 附录　科学图像的类型化研究

表 3　艺术与科学图像融合领域示例

| 编号 | 学科所属领域 | 表现 | 相互关系 | 备注 |
|---|---|---|---|---|
| 1 | 数学 | 阿尔罕布拉宫的瓷砖拼图装饰探索了数学的分支"密铺"以及对称的基本特征；从彭罗斯瓷砖、吉里赫瓷砖、几何透视等呈现的数学规律，数学家利用数学工具对波洛克画作的尝试性解释以及波洛克混乱又有序的画作为数学提供的研究方向 | 相互预示，艺术很可能促进数学发现 | 文章：艺术会引领数学发现吗？ https://mp.weixin.qq.com/s/8pVHHVbq4BOXuuCrdr2w_w |
| 2 | 历史 | 《雅典学园》画作中有 50 多位人物，分布在柏拉图和亚里士多德为中心的四周，呈现了以古希腊为代表的西方古代文明传统——这一学术脉络从时间上延续了一千多年，空间上跨越了欧亚非三大洲 | 作者对古代希腊、罗马和中世纪的文化历史有浓厚兴趣在其艺术作品中展露无遗 | 文章：拉斐尔的数学密码 https://mp.weixin.qq.com/s/YWE9FhKeSGMBTY5iU6uIDw |
| 3 | 物理学 | 物理学发展经过的四个不同的阶段里都有美，美的性质不完全相同。<br>虹和霓看起来十分美丽，是因为具有特别的物理形状规律，在不同的物理学发展阶段有不同的解释：在实验阶段，利用麦克斯韦方程式了解折射现象；在联系阶段，发现麦克斯韦方程式的结构有极美的结构，叫作纤维丛 | 美在艺术与科学中具有相同点 | 文章：杨振宁：美在科学与艺术中的异同 https://mp.weixin.qq.com/s/DKo-fAhXy_LXa2WLzX19GA |
| 4 | 科技 | "失忆者假说"使人们能够通过知识图谱构建，去尝试人工智能构建虚构的人生经历，而不必拘泥于真人的体悟，并目关注这种艺术的表达能否激发观众类似的体悟，更可以进行一些突破：例如通过建模，人们有机会为许多人类艺术家保留他们创作巅峰时期的能力，并辅助他们延长创作期的长度 | 人类的情感经历可以复刻在人工智能的艺术创作中 | 文章：人工智能：新创作主体带来新艺术可能 https://wap.peopleapp.com/article/4597259/4478665?from=timeline&isappinstalled=0 |

179

续表

| 编号 | 学科所属领域 | 表现 | 相互关系 | 备注 |
| --- | --- | --- | --- | --- |
| 5 | 解剖学、地质学 | 解剖学的"哲学内涵"在达芬奇艺术作品中的体现;达芬奇遗留的贝壳化石可以作为一种极具艺术感的工艺模型 | 艺术家对相关领域所涉及的规则和原理将兴趣使其很好地将科学运用于艺术中 | 文章:达芬奇的第 N 张科学孔:当艺术遇上科学 https://mp.weixin.qq.com/s/NK2KTQS4jvaZcEdOZ-CzVg |
| 6 | 神经学、应用物理学 | 神经学家(Dr. Greg Dunn)和应用物理学家(Dr. Brain Edward)雕刻大脑切片的艺术作品,建立宏观大脑与微观神经元的桥梁 | 艺术性的思想融入动态的神经学雕刻作品中 | 文章:研究艺术的科学性,研究科学的艺术性 https://mp.weixin.qq.com/s/IS5OWTfi2BWtNqBGFzPg-w |
| 7 | 设计学 | 艺术家 Gonzales 对费米国家加速器实验室从大到小的环境设计中所体现的艺术美感 | 在具有相关特性的环境规划设计中融入合景的艺术思想 | 文章:不是科学家,也不是工程师。费米实验室的第 11 位成员,为何是一名艺术家? https://mp.weixin.qq.com/s/mvgGJns6anNGj56-r3E6AQ |
| 8 | 物理学 | Jonathan Feldschuh 从宇宙微波背景辐射图表得灵感,画出婴儿宇宙,根据氢原子们正在剧烈地核反应着形成氢原子的太阳,画出炙热燃烧中的太阳,还有类似天体物理方面的画作,以及在画作中展现的 LHC(大型强子对撞机)的艺术表现 | 从物理学现象中获取艺术创作的灵感 | 文章:艺术需要对撞机 https://mp.weixin.qq.com/s/Yb1c04uT4PstAoVI97aoig |

续表

| 编号 | 学科所属领域 | 表现 | 相互关系 | 备注 |
|---|---|---|---|---|
| 9 | 数学、物理学 | 1974年,物理学家罗杰·彭罗斯(Roger Penrose)以正五边形为基础,设计出了一种令人惊人的瓷砖图案。他发现仅仅通过两种不同的形状,就可以构造出一个能实现五重对称,并能无限延续下去且不会自我重复的图案。也就是说用两种形状的瓷砖进行平铺最终会得到非周期性的图案。20世纪80年代,丹·谢赫特曼(Dan Schechtman)发现了一种在所有方向上都具有非周期性图案,并且在旋转72°时仍具有旋转对称性的"铝锰"合金。对于这个结果,许多科学家都表示无法相信,因为在此之前,没有平移对称但具有旋转对称的晶体实际上是不可想象的。但结果证明,准晶体水不重复的五源自其构造核心的无理数,这个无理数就是一次出现在彭罗斯镶嵌瓷砖的中原子之间各种距离的比值也总是与Φ相关。Φ的数值大约是1.618,它满足Φ=1+1/Φ的关系。对一个正五边形来说,它所有的五角星的边长与正五边形的边长之比等于Φ。因此,当一个准晶体是由正五边形构成的时,我们就能观察到72°角的旋转对称性。准晶体材料的耐磨性使得它们具有许多实际应用,一个贴近我们日常生活的例子是,它可用被用作为煎锅的防刮涂层。准晶体也具有高效的数学挑战,它在许多实际应用中部具有很大的前景,包括制造高效的准晶体激光器。此外,这项研究不仅是一个概念性的数学挑战,一些研究人员也在思考如何将准晶体添加到家居涂料中,以此产生需要的反光效果 | 利用"空间"的周期性密铺,成功创造出已汇总非周期性的镶嵌,他们的图案永远不会重复 | 文章:永不重复的图案<br>https://mp.weixin.qq.com/s/Dh2IMQawAv53Ep4u7ynayA |

181

续表

| 编号 | 学科所属领域 | 表现 | 相互关系 | 备注 |
|---|---|---|---|---|
| 10 | 物理学、光学 | 舞台灯光从简单照明演变为一种叙事方式,以多元、深入的方式接入表演场域 | 科技发展是艺术表现的发展基础,照明技术的发展大大拓宽了灯光的应用范围 | 文章:周正平:当代灯光艺术创作中的艺术与科学 https://mp.weixin.qq.com/s/RWFAaw6c8-C7xJrQg3cvxw |
| 11 | 人工智能 | 奥地利林茨电子艺术节(Ars Electronica)上的展览《人类身体:宇宙内部》(Human Bodies: The Universe Within);柏林转译媒体节(Transmediale)上艺术家尼古拉斯·梅格雷(Nicholas Maigret)和贝特朗·格里莫(Bertrand Grimault)共同发起的一个研究项目《否创新》(DISNOVATION,探究机制,社会进程与创新的意义,北京媒体艺术双年展上菲利普·德摩斯(Louis-Philippe Demers)和比尔·沃尔(Bill Vorn)共同制作的机器人表演《Inferno:人机共舞》等国际性展览作品;荷兰艺术家"今日艺术节"上视觉艺术家奥诺·迪尔克(Onno Dirker)与福瑞兹(Frits Pen)合作的日光焰火;艺术家 aaajiao(徐文恺)的新作《一个死亡的创新公司》(以USB为接口向公众开放"新单位"公司的核心数据内容)等以电脑和软件辅助的三维和算法绘画,VR(Virtual Reality,虚拟现实技术)、AR(Augmented Reality,增强现实技术)、交互(interactive)技术形成的作品 | 高科技应用与低科技应用没有高低之分,更多的是人对新旧逻辑的厌倦程度,使用能力与判别力 2006—2007年,科技和艺术是一种媒介,成为新的传播手段;2009—2013年期间,科技成为一个研究范围和研究对象;2013年开始,科技、艺术、人变得更加融合,素材日趋日常化,科技跟艺术家的关系更多是混杂在一起,产生很多创作的想法,不只关注科技本身,而是人 | 文章:艺术与科技之间,谁在探索未来,谁在下达指令? https://mp.weixin.qq.com/s/v92vl4SICGi9EOwl2IKPXQ |

续表

| 编号 | 学科所属领域 | 表现 | 相互关系 | 备注 |
|---|---|---|---|---|
| 12 | 物理学 | 金字塔中用圆与方,用嵌套的手段实现大而无外又小而无内的时间和空间的相互转化 | 利用物理真空与嵌套,实现艺术品金字塔数千年而不倒。塔身的石块之间,没有任何水泥之类的黏着物,而是一块石头叠在另一块石头上面。每块石头都磨得很平,人们很难用一把锋利的刀刃捅入石块之间的缝隙 | 《神秘的金字塔》,载《今日科苑》2001年第12期 |
| 13 | 化学 | 彩色拍立得的摄影技术,计算机绘制出3D元素周期表的元素图等视觉艺术作品 | 化学学科基础知识是视觉艺术的基础之一。视觉艺术是指运用物质、材料、技术手法创作的艺术作品。视觉艺术强调人的视觉感受,具有真实性与艺术性 | 《视觉艺术在化学中的应用——评〈永存化学世界〉走进感光化学》,载《分析测试学报》2020年第1期 |

# 参考文献

[1] 本雅明. 机械复制时代的艺术作品[M]. 北京：中国城市出版社，2002.

[2] 段炼. 视觉文化：从艺术史到当代艺术的符号学研究[M]. 南京：江苏凤凰美术出版社，2018.

[3] 米歇尔. 图像何求？[M]. 北京：北京大学出版社，2018.

[4] 洛特曼. 思维的宇宙：文化符号学理论[M]. 伯明顿：印第安纳大学出版社，2000.

[5] SHUKAMN A. Literature and Semiotics：A Study of the Writing of Yu. M. Lotman[M]. Amsterdam：North-Holland Publishing Company，1977.

[6] 王娜娜，陈小林. 视觉再现还是视觉转化？：国际字体图形教育体系中的知识可视化[J]. 装饰，2020(1)：100-104.

[7] 周宪."读图时代"的图文"战争"[J]. 文学评论，2005(6)：136-144.

[8] 米克·巴尔. 解读艺术的符号学方法[J]. 段炼，译. 美术观察，2013(10)：121-128.

# 后　　记

2011年,艺术学科升级为独立门类,由于时间尚短,建制不算完善,对于某些选题的学科归属,特别是具有跨学科性质的选题归属,这一领域的研究者内部就存在很多分歧。

2020年8月27日,教育部网站发布了一个文件《学位授予单位(不含军队单位)自主设置二级学科和交叉学科名单》(见http://www.moe.gov.cn/jyb_xxgk/s5743/s5744/A22/202008/t20200827_480690.html),这是对学术创新与跨学科科目的保护,有政策导向意味。

中国传媒大学、北京电影学院、四川师范大学都申请了交叉学科名录。如中国传媒大学的"艺术与科学"二级学科,就属于"信息与通信工程、艺术学理论、音乐与舞蹈学、戏剧与影视学、设计学"等一级学科的交叉学科。

是创新,就会走弯路,就会有风险,谁来为学术的创新提供一个宽松的环境,让学者们、学生们敢于去创新,敢于去涉险?无论是国家,还是学校,我们的学术环境都是鼓励创新,鼓励艺术与科学结合的。我们期望学术界给予年轻学者、年轻学生以宽松的、自由的学术环境,为我们祖国的艺术之美、科技强大发出强有力的呼喊!

2020庚子年是不平凡的一年,中国与世界携手进行了一场对抗突发公共卫生事件的阻击战!在这场战役中,中国谱出世界最强音,体现了集中力量办大事的强国之声。平凡的我,在这一年也经历了诸多磨难,但我希望这世界仍然留存真、善、美……

新书付梓之际,在此衷心感恩一直支持、陪伴、鼓励我的师长、父母、我的丈夫,还有我善良的孩子,是你们用无私的爱与温暖,为我换得一个纯净的精神家园!

感恩编辑此书的张仙荣老师、李成思老师,设计封面图像的张志贤教授,没有你们耐心的指导和帮助,就没有这本小书的问世!

感谢《贵州大学学报(艺术版)》《美与时代》《艺术传播研究》编辑部录用书中部

分内容(即将发表)。

如果可能,能否让善良消灭世间所有的恶;

如果可能,能否让心灵诗意地栖居在人间?

文末附小诗两首,借此书祈愿世间所有的善能生发、所有的恶终将灭亡。

### 善与恶

世界是一场盛宴

我们不过是

路过人间的

盛酒小厮

肮脏的人

失去灵魂

用化脓的手

触碰你

用白雪清洗

或者,刺穿

它的脓

### 送给我的孩子

如果

声音柔柔

陪吃还一起踢小皮球

她就对我回首

换我一夜心池皱

如果

忙碌还对她吼

她就像只小麋鹿

乌黑溜圆大眼睛

闪烁

外加双蹄把我踢

不打折扣